“茅舍槿篱溪曲”

“门外春波荡绿”

踏上回归精神故里寻古探幽的旅程，

感受乡土的温暖与润泽，

体味精神家园的馨香。

中国民间文化遗产抢救工程
THE PROJECT TO CHINESE FOLK CULTURAL HERITAGES

中国千年古县丛书

# 中国千年古县

# 河北肥乡

中国民间文艺家协会 / 组织编写

总主编 / 潘鲁生 邱运华

本卷主编 / 刘永清 毕怀领

知识产权出版社
全国百佳图书出版单位
——北京——

## 《中国千年古县丛书》
## 总编委会



## 《中国千年古县丛书》
## 河北省编委会

## 《中国千年古县·河北肥乡》
## 编委会

积聚海量信息 寻觅科学路径（序一）

## 邱运华





传统村落保护是当下中国文化遗产保护工作中最重要的社会性课题之一。对于一个具有绵延五千年不间断农业文明的民族来说，传统村落能否得到妥善保护更是一个文明能否传承的关键问题。

传统村落保护是当代社会发展的普遍问题，不独中国社会存在，西方发达国家存在，东方发达国家也存在。从世界范围看，这是一个国家从欠发达到发达、从农业社会过渡到工业社会、从以农村为主体发展到城镇化生活方式过程中普遍存在的问题。有学者把中国农村经济结构改造、社群建设、新文化建设和整体民生改善工作这一进程，追溯到 20 世纪 50 年代。但我以为，它毕竟不是我们现在所处的整体转向工业化、城市化进程中遇到的课题。中国社会同一性质的乡村保护课题，起源还是世纪之交的 2003 年 2 月 18 日“中国民间文化遗产抢救工程”。2012 年 12 月 12 日，住房和城乡建设部、文化部、财政部联合发布《关于加强传统村落保护发展工作的指导意见》，2014 年 4 月 25 日，除上述三部外又增加了国家文物局，联合发布《关于切实加强中国传统村落保护的指导意见》，两次重申传统村落保护的联合行动。冯骥才先生在 2012 年的一篇文章里把传统村落保护提高到文明传承的高度，我认为非常正确。中国社会各界对传统乡村保护的问题，有着非常积极的呼应。

中国是发展中国家，但是从东部、南部和东南部区域看，具有发达国家的基本特征。农村人口从西部向东部、从村落向城镇转移，是 1990—2010 年之间最重要的社会现象，这一巨大的人口变迁集中表现为城镇人口急速膨胀、传统村落急速空心化，不少历史悠久的自然村落仅仅剩下老人和儿童。因此，传统村落的保护在中国面临的问题，与发达国家相比，具有共同性。例如，从“二战”后恢复到工业化时期，德国和日本先后进行的村落更新或改造项目，具有几个明显特征：一是以激发村落内部活力、发展农村经济作为前提，以改造农村基本生活设施作为基础展开；二是村落更新或再造项目以土地管理法令的再研究作为保障；三是建立了学术界论证、公布更新或再造规划、政府支持的财政额度及投入指向、个性化改造方案与村民意愿表达的有效沟通机制，有效保障村落历史文化、自然风景、公共空间与私人空间等要素。综合来看，先行的国家特别注重传统村落的“民间日常生活”保存问题。

所谓“民间日常生活”的具体含义是什么？乃指传统村落村民群体的方言、交往方式、经济生产活动、衣食住行、生老病死、教育、节日活动、传统风俗、民间信仰活动以及区域性的传统手工艺活动等，以及上述种种的精神性、思想性、文化性、艺术性和物质性表现形态。长期以来，中国传统村落之所以成为民族文化的保留者和传承平台，核心在于保存着这个民间日常生活，它的内容和方式，在民间日常生活的基础上，方可承载不同样式、层次的民族文化。

之所以在这里提出“民间日常生活”作为传统村落的文化基础问题，乃是因为看到目前对待传统村落的两种观点具有相当的欺骗性，并不同程度地主宰和误导了传统村落的基本价值指向。一种是浪漫主义传统村落观，一种是商业主义传统村落观。浪漫主义传统村落观把传统村落理想化、浪漫化，仿佛传统村落是用来怀旧的，象征着一切美好的自然与人类的和谐，田园风光，日出而作，日落而息，男耕女织，像是《桃花源记》里的武陵源，“不知有汉，无论魏晋”。但是，这不是民间日常生活；民间日常生活还包含在落后生产力条件下的温饱之苦、辛劳之苦，是传统村落里百姓的生活常态；生产关系之阶级阶层压迫、政治强权和无权地位，以及在自然面前束手无策，在兵灾、匪患和种种欺男霸女面前的悲惨状态，甚至中华人民共和国成立以来出现过的政治压迫、思想禁锢和社会运动之灾，是乡村浪漫主义者无法想象的，而这，就是大多数传统村落的民间日常生活。文人雅士，在欣赏田园风光和依依炊烟之时，能否探入茅舍，去看看灶台、铁锅和橱柜，去看看大量农夫、农妇的身子，他们是否仍然饥饿、寒冷？或者他们的孩子是在劳作还是就学？商业主义传统村落观呢，则直接把传统村落改造成伪古典主义的模版，打造成千篇一律的青砖瓦房，虚构出一系列英雄史诗和骑士传奇，或者才子佳人和神异仙境的故事，两者相嫁接，转化为商业价值或者政绩价值，成为行政或市场兜售的噱头，这一行为成为当下传统村落“保护”的常态。这两种传统村落观，一个共同的特点是把村落与民间日常生活相割裂，抹杀了民间日常生活在传统村落里的价值基础，从而，也直接把世世代代生活于这一场景的村民们赶出村落，嫌他们碍事，妨碍了我们的浪漫主义和商业主义梦想；他们不在场，我们可以肆意妄为地文化狂欢。那些在民间日常生活中久存的精神性的、思想性的、文化性的、艺术性的符号，均不在话下。但是，假如村民不在场，社群活力不再，传统村落如何是活态的呢？西方哲学有一个时髦术语，叫作“主体缺失”，因为主体缺失，因而话语狂欢。

关注传统村落的村民，无疑是中国传统村落保护的第一要素。但恰好是人这第一要素构成了传统村落的凋敝和乡愁的产生。

1990 年至 2010 年这二十年，随着一些区域传统村落里村民流动性的增强，特别是青壮年村民向东部、东南部和南部沿海地区季节性的流动，极大地影响了这些区域传统村落民间日常生活的展开，减弱了传统村落的社群活力，也相应削弱了传统文化活动的开展。这样，构成传统村落民间日常生活的内容慢慢演变成淡黄色、苍白色，成为一种模糊记忆，抑或转化为一年一度的春节狂欢，最后，演变定格成为日常性质的乡愁。民间日常生活不再完整地体现在现在乡村生活之中。那个完整的民间日常生活，在我们不得不离开它的土壤之后，便蜕变为乡愁。乡愁这只蝴蝶的卵，就是民间日常生活。而伴随着乡愁这只蝴蝶而出现的，却是一个个村落日常生活不断凋敝、慢慢消失。乡愁成为我们必须抓住的蝴蝶，否则，我们的家乡便消失在块垒和空气之中，我们千百年创造的文化便无所依凭。然而，据统计，在进入 21 世纪（2000 年）时，我国自然村总数为 363 万个，到了 2010 年，仅仅过去十年，总数锐减为 271 万个。十年内减少约 90 万个自然村。若是按照这个速度发展下去，三年、五年之后，我们的传统村落便所剩无几了。也就是说，出生和成长在这些村落而现在散居在世界各地的人们，将无以寄托他们的乡愁。若是其中有的村落有几百年、上千年甚至更久远的历史呢？若是其中有的村落有着华夏一个独特姓氏、家族、信仰和其他各种人文景观等等呢？

越来越多的学者开始从事传统乡村保护的研究工作，例如《人民日报》2016 年 10 月 27 日发表了《老宅、流转、新生》为题的介绍黄山市探索古民居保护新机制的文章，还配发了题为《古民居保护，避免“书生意气”》的评论；《中国文化报》2016 年 10 月 29 日发表了题为《同乡村主人一起读懂文化传承》的文章，提出了“新乡村主义”的概念，在它的题目之下，包含有乡村治理、乡村重建和乡村产业化的多功能孵化等内容。为此，文章提出了“政府在制定政策方面、标准化编列预算、聘请专家团队和 NGO 组织，进行顶层设计、人才培养、产业孵化和公共服务”四项基本措施，还配发了《莫让古民居保护负重前行》的文章。《光明日报》2016 年 11 月 15 日发表了题为《福建土堡：怎样在发展中留住乡愁》的报道，记叙了专家考察朱熹故乡福建三明尤溪土堡的过程；记者报道了残存的土堡现状，记录下专家们的意见：政府与社会资本合作的“PPP 模式”，面对乡村人口日趋减少的不可逆现实，应该吸引城市中的人回到乡村，将土堡打造为“民宿”，在不破坏现有形制的前提下，实现功能更新。也有专家提出，就保护而言，首先应该考虑当地人，人的利益是优先的，只有做到长期发展而不是只顾短期利益，文化遗产保护事业才能够持续发展，等等。

上述建议，已经超越了简单的乡愁情怀，而诉诸国家土地法规、资金筹措模式、专家功能实现等层次。应该说，在越来越深入研究、讨论的基础上，对传统村落保护的思路越来越宽了，为政府制定传统村落保护法提供了良好的基础。在国家立法的基础上，国家、地方政府组织专家开展普查，确认传统村落的级别，分别实施不同层次的激活、保护、开发，才有坚实的基础。

我理解，通过专家学者的普查、认定，得出的结论一定会有利于政府形成健全完备的保护方案和具体操作措施。一方面，对仍然有社群活力的乡村，实施新农村建设规划，改善其经济机制，改建生活设施，改善村民的生活条件，把工作重点聚焦到提高农业产业框架基础、为居民提供更好的生活环境、增强村庄文化意识、保存农村聚落特征上来。另一方面，为有着特殊文化传承却逐渐凋敝，甚至失去社群活力的乡村，探索一套完善保护的工作模式，形成一种工作机制，并得到国家法规政策的支持和保障，包括土地规划、投资体制、严格的环境保护，建立严格的农民参与机制等，为保留故乡记忆、记住我们的乡愁，留下一系列艺术博物馆、乡村技艺宾馆，产生具有独特价值的“乡愁符号”。

作为“中国民间文化遗产抢救工程”的重要项目之一，《中国千年古县丛书》正是通过众多专家学者和民间文艺工作者辛勤的田野调查工作，在中国民协推动的“中国传统村落立档调查工程”所积聚的海量信息基础上，多学科、多视角地反映当下古城古镇和传统村落现状，发掘传统文化的独有魅力，进而为保护和传承优秀传统文化积累鲜活的素材，汇拢丰富的经验并寻觅科学的路径。相信这套丛书的出版将对古城古镇和传统村落的保护发挥积极作用。

2017 年 3 月

（作者系中国民间文艺家协会分党组书记、驻会副主席）

## 寻找中华历史之根 探秘中华文明之源（序二）

郑一民

站在21世纪桥头，审视由中华民族历代先贤所创造并守护的浩瀚历史文化遗产，千年古县堪称在世界上引以为豪的珍贵国家财富。

众所周知，地名是人类历史的产物，承载这种产物的重要载体就是千年古县。她所承载的历史与文化信息，具有民族和地域人群的认同性和延续性。联合国地名标准化会议将地名的这种价值，称为民族文化遗产。按照联合国制定的千年古县标准与条件，经联合国地名组织和国家民政部审查和认定，在我国近3000个县级行政区中，被确认为千年古县的有800个，并列入中国地名文化遗产重点保护对象。一个国家能拥有800个千年古县，这在世界上绝无仅有！

千年，对历史老人来说只是一段短暂时光，但对人类有文字记载的历史来说，却是一条很长很长的河。在这条河中，不仅到处闪烁着古代物质文明和非物质文明之光，近现代的创造与建设更是举目可见。她用生生不息书写着中华民族的自尊自强，用各种遗迹和现状鲜活地诠释着我们走过的坎坷与辉煌！但在现代化、全球化的飓风席卷地球，强势文化疯狂吞噬各民族固有文化的现实中，千年古县也受到不同程度的侵袭，曾出现一些地方为了解决眼前的贫困和一时利益而把凝聚着历代先人智慧、业绩和精神的珍贵古迹当作“陈迹”“包袱”扫荡的现象，给世人留下扼腕的叹惜与伤痛！庆幸这种苗头很快被国家适时实施的抢救与保护民族文化遗产工程和建设文化强国的浩荡东风迅速扑灭，并回归正确之途。当前，保护千年古县，弘扬千年古县所承载的中华优秀传统文化和精神，开发利用千年古县的各种历史文化资源服务于当代两个文明建设，在神州大地已蔚然成风！

历史的价值在于熔古铸今，文化的价值是在传承中发展与创新。中国民间文艺家协会将编纂出版《中国千年古县丛书》纳入中国民间文化遗产抢救工程，并在全国组织实施，意在通过专家学者们对一个个千年古县历史文化的科学梳理研究，追溯中国地名文化、探秘中国地域文化、解读中华传统文化，系统挖掘祖国各地的特色文化，记录中华传统文化的众多要素，展现民族文化的绚丽靓彩，彰显中华民族的光辉形象，让中华民族古老的文化、经验和智慧在服务中华民族伟大复兴和中国梦的同时，也能让世界各国人民分享，促进人类文化多元发展，促进和谐世界繁荣兴旺。如果用一句话来概括这项宏大文化工程的社会价值，那就是“寻找中华历史之根，探秘中华文明之源”的一项盛举！

在千年古县历史文化的保护与弘扬中，河北是很荣幸的。这种荣幸体现在两个方面：一是在联合国地名组织和国家民政部认定的全国 800 个千年古县中，河北省拥有 84 个；二是当中国民间文艺家协会在全国实施编纂出版《中国千年古县丛书》工程时，河北又被指定为率先启动省。根据编纂方案要求，我们将对河北省每个千年古县单独立卷，每卷从历史溯源、山川名胜、文化集萃、风俗大观、凝固艺术、趣闻逸事、人物风采、名优特产等八个方面来叙述，力求以质朴、简明、科学的文字，图文并茂的形式，从历史学、社会学、文化学、人类学、民俗学、建筑学、考古学等视角，客观、准确、简洁、鲜活、生动地记述千年古县的历史与现状，阐释每个千年古县独有的魅力与精彩，为学者研究和各级政府开发利用提供翔实的科学史料，为后世留下祖先完整的足印，知道我们从哪里来、该走向何方，如何讲唱着中国故事由富裕走向富强，由悠久实现辉煌！

编纂出版《中国千年古县丛书》是一项浩大的文化工程。就河北的 84 个卷本来说，投入的编纂人员已达 200 余人。完成书稿，不仅需要查阅大量史书方志碑文，还要进行大量田野调查，进行去伪存真、纠误补缺的鉴别与考证工作。凡此种种皆充满艰辛与探索。但为了构筑《中国千年古县丛书》这座文化大厦，每位编撰者都在默默奉献着自己的才智与年华。他们用激情与担当，书写着当代文化和编纂工作者的使命与职责之歌。借此机会，我由衷地向他们和知识产权出版社的编辑们表达崇高敬意！

由于《中国千年古县丛书》是前无古人成果可借鉴的项目，加之编者知识水平有限，书中难免有错漏不当之处，敬请各位方家和读者不吝赐教指正。

2018年2月6日

（作者系河北省民间文艺家协会主席）

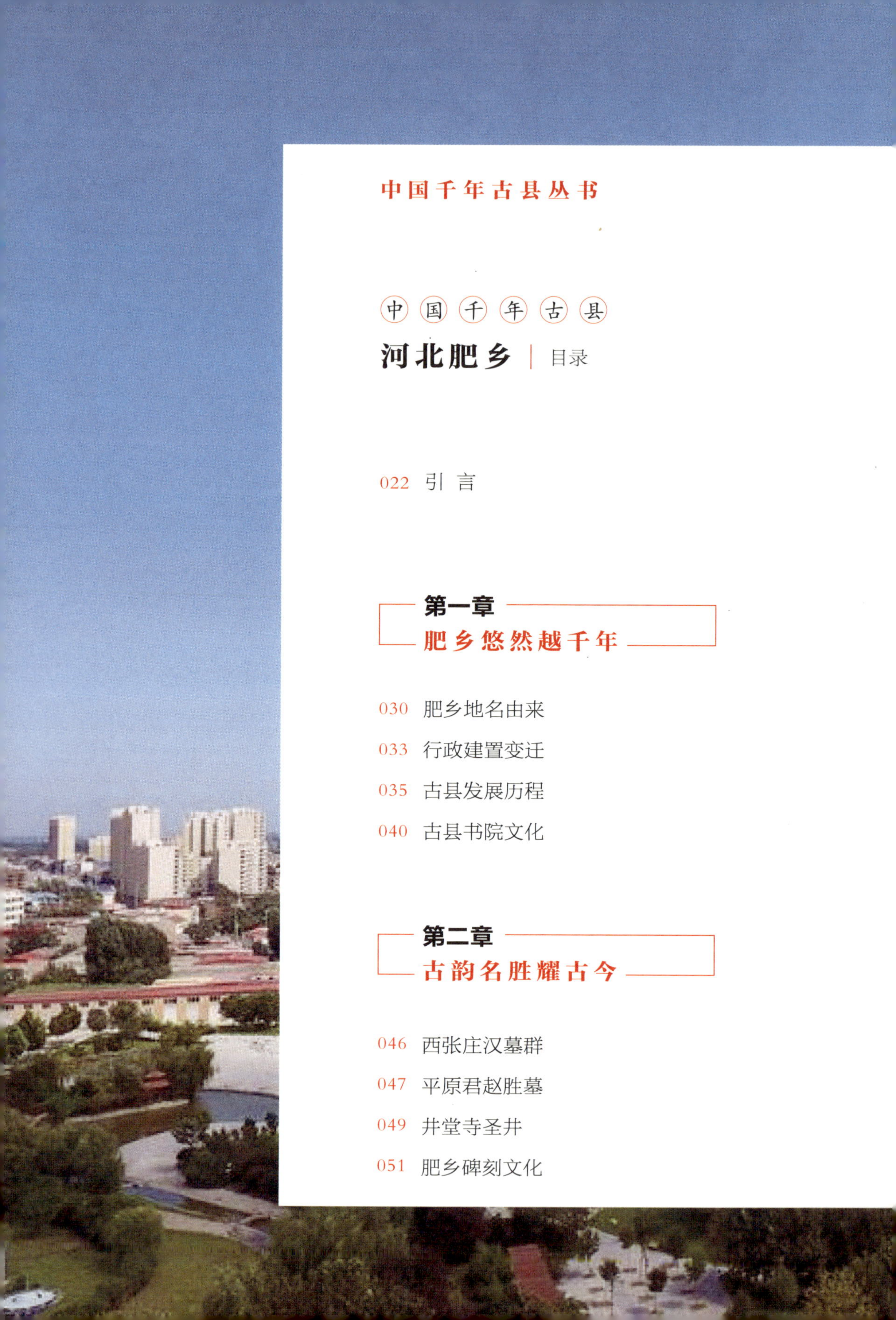

中国千年古县丛书

中国千年古县

# 河北肥乡 | 目录

## 第三章
## 肥乡地灵育英才



## 第四章
## 革命老区别样红

## 第五章 古赵风俗有传承



## 第六章 非遗技艺与物产



## 第七章 文化千载呈风流

Series of Millennium Ancient Countries of China

Millennium Ancient Countries of China

# Feixiang Hebei | Contents

## Chapter 3

### Feixiang is outstanding for Heroes and figures



## Chapter 4

### The revolutionary base areas are red especially

## Chapter 5

## The inheritance of The old-zhao-custom



## Chapter 6

## Intangible cultural heritage and product



## Chapter 7

## The elegant history of civilization

# 引　言

肥乡，邯郸市辖区。位于河北省南部，邯郸市中部。古之肥乡，“北枕滏口，南带乾侯，西望邯山，东接鹅蒲”。今之肥乡东与广平县交界，南与成安县相连，西与邯山区接壤，北与丛台区、曲周县毗邻，总面积503平方千米，总人口41万人。全区辖5镇4乡（肥乡镇、天台山镇、辛安镇镇、大寺上镇、东漳堡镇、毛演堡乡、元固乡、屯庄营乡、旧店乡）。

肥乡历史悠久。战国时属赵国，是赵国名相肥义的封地，故名肥乡。秦统一六国后，肥乡属邯郸郡；西汉属魏郡，东汉属巨鹿郡。三国魏黄初二年(221)置肥乡县，治在今县西，属广平郡。隋大业元年（605）属武安郡。唐属洺州。元属广平路。明清属广平府。民国初属直隶大名道，1928年属河北省。

1958年10月，肥乡县并入曲周县，部分地区并入永年县。1961年6月，恢复肥乡县建置。1993年，属邯郸市。2016年9月，撤县，设立邯郸市肥乡区。

肥乡文化厚重。域内有“战国四君”之一的平原君赵胜墓和元代名臣窦默墓，还有圣井等文保单位。广袤沃土，孕育了一代代名流圣贤。晋代葛悌令肥乡，廉洁从政，以德化民，广为传颂。葛悌之子葛洪生于肥乡，云游四方，博闻深洽，精辨玄颐，为著名的道学家、医学家。民间传说中的八仙之一吕洞宾，邯郸道上度柳精的故事就发生在肥乡。宋代李沆，身居高位，为人光明磊落，内行修谨，门无私谒，不求声誉，动遵条制，有“圣相”之名。元代窦默，指陈是非，炳如日星，被忽必烈尊为太师，百代流声。明代张学颜，文武兼备，巡抚辽东以安边关，协张居正改革，撰《会计录》清田亩税赋，位居户、兵尚书。明代赵得秀，南游武夷得异人真传，筑林虑王相岩，“人谓鲁班复生”。

肥乡地处太行山东麓古黄河和漳河的冲积平原上，西南略高，东北稍低；地势平坦，视野广阔。“东西广袤八十里，南北延绵四十里”。呈东西长、南北窄之不规则形状。这里四季分明，气候宜人。春之清和，桃李争艳；夏之明丽，绿烟蒸腾；秋之爽洁，果蔬飘香；冬之凝重，霜雪晶莹。千百年来，这里温风细雨，少有旱涝地质灾害。古称“入其境，沃野平衍；觇其俗，淳朴厚重”。土地肥沃，有“华北粮仓、冀南棉海”之誉，主要农作物为玉米、小麦、棉花等，为“河北省粮食生产基地县”“中国优质棉基地县”“中国优质小麦基地县”。这里有悠久的蔬菜种植历史和传统。区域特色产品有黄瓜、茄子、番茄、芹菜、大蒜、韭菜、辣椒、茴香、豆角等，特别是久负盛名的圆

肥乡城俯瞰

葱、食用菌等均享誉国内外，是“中国圆葱之乡”“中国食用菌之乡”“中国番茄之乡”。

肥乡是河北省园林城区，大力提升肥乡绿化品质和人居环境，开展“全民义务植树，共建生态肥乡”专项行动，为“中国平原绿化先进县”。随着科学技术的普及，重点发展农业特色产业，因地制宜发展林果业，水果品种不断增多，品质得到提升，特别是伏梨、冬桃、红富士苹果、玫瑰香葡萄等种植规模不断扩大，采取“农超对接”“农批对接”“农业+旅游”等措施，延伸农业产业链条，推动乡镇现代特色农业发展。

肥乡交通便捷，西邻京广铁路、京珠高速公路和107国道，309国道、青兰高速公路横贯东西，邯济铁路、邯黄铁路、省道宁魏线穿境而过。

肥乡“古称望县，星分昴毕之墟，人吐燕赵之气”。今日之肥乡，依然“儒贤接迹，人文蔚兴”。改革开放以来，在历届县

↓ 美丽肥乡

（区）委、县（区）政府的领导下，肥乡的发展驶入了快车道，取得了骄人的佳绩。撤县设区后，肥乡发展更是日新月异，城区经济坚持培育发展先进装备制造产业，强化龙头带动，以京津新材料产业园为平台，全力培育“邯郸·中国气谷”，打造以雾炮车、环保汽车、精密铸件为核心的特色装备制造产业基地，助推经济结构优化升级，成为邯郸市乃至河北省的领头羊。肥乡是全国科技进步先进县、全国法治县（市、区）创建活动先进单位、省级农村人居环境整治试点区、“四好农村路”省级示范县、中国最佳现代农业示范园区、全省新型工业化产业示范基地。目前，肥乡入选省级可持续发展实验区。这些荣誉的取得，说明肥乡真的又“肥”又“香”！

肥乡，正以全新的面貌、崭新的姿态，开拓创新，积极进取，为建设更加美好的生态新区、富裕新区、美丽新区而努力奋斗！

肥乡，飞翔！

肥乡，处于古黄河之畔，受黄河文明洗礼，奠定数千年发展根基，商代为商王畿地区，两周为卫、邢之地。战国名相肥义，鼎力支持赵武灵王胡服骑射改革，忠心保护赵惠文王，后封地于此。肥乡自魏黄初二年（221）置县，距今已经有1800年的历史，是名副其实的千年古县。

# 第一章

# 肥乡悠然越千年

## 肥乡地名由来

肥乡之“肥”最早见于《竹书纪年》，《水经·浊漳水注》引《纪年》：“梁惠成王八年（前362），惠成王伐邯郸，取列人；伐邯郸，取肥。”这是“肥”地名最早见于文献的记载。清雍正十年（1732）版《肥乡县志》记载：“肥乡之邑，名载在经史可据者有九，曰邯沟、曰列人、曰蒲县、曰清漳、曰斥漳……曰洺水、曰肥乡。”“是未立肥名之前，杂见经传以名其县者也。”“肥名之专，且又旧志云，肥乡乃赵武灵王臣肥义之乡，义传惠文王而死其难，后人嘉其烈因名其地曰肥乡。”

民国《大中华直隶省地理志》载肥乡沿革：“战国赵之肥邑，

↓ 沙丘平台遗址

及列人邑。汉置列人县，又置邯沟侯国。三国魏分置肥乡县。东魏并肥乡入临漳。高齐省列人。隋开皇复置肥乡县。”

肥义，战国时期赵国赵肃侯、赵武灵王和赵惠文王三代大臣。赵肃侯时深受赏识器重，被奉为贵臣。公元前326年，赵肃侯去世，其子赵武灵王立。当时武灵王年幼，在肥义等大臣的辅佐下，赵国国势虽然衰落，但时局基本稳定。当时，赵武灵王每每处理政事必问肥义。

据文献记载，匈奴、林胡及中山国经常与赵国交战，赵军经常败走，城邑被占。赵武灵王与肥义等看到胡人的骑兵服饰有极大灵活性，为了富国强兵，赵武灵王提出“着胡服”“习骑射”，决心取胡人之长补中原之短进行改革。

赵武灵王的主张受到许多贵族的反对，以“易古之道，逆人

↓ 肥义（左）与赵武灵王塑像

之心”为由，拒绝变法。据《史记》记载，“十九年正月，大朝信宫，召肥义与议天下，五日而毕”。朝议期间，肥义立谏，认为疑事无功，疑行无名，劝武灵王坚定改革信心，使胡服骑射改革计划顺利完成。

改革使赵国的军队迅速强大起来，很快打败林胡、楼烦，并将两国上千里的土地并入赵国版图，设置云中、雁门、代三郡治之。

公元前299年，赵武灵王传位于赵何，即赵惠文王，自号主父，肥义为相国。赵惠文王三年（前296），赵武灵王经过多年攻伐，终于彻底灭掉了中山国。归来后大赦天下，设酒宴五天，并封长子赵章为安阳君，又同时派田不礼辅佐赵章。

公元前295年，主父举行朝会，欲将赵国“一分为二”，一半给赵章，为代王；一半给赵何，为赵王。此议受到相国肥义等大臣的反对，激起赵章的极大不满并伺机发动政变。

不久，主父和赵惠文王出游沙丘，分别住在两个行宫里。赵章、田不礼乘机率领党徒作乱。他们假称主父传令召见赵惠文王。相国肥义疑有诈，故先行进访，并留精兵拱卫赵王。出宫后果然遇到伏兵，肥义为保赵惠文王，血染沙丘宫。

公子成和李兑调集四邑军队平息叛乱。赵章自杀，主父饿死沙丘宫，这就是历史上有名的“沙丘宫之乱”。

肥义死后，赵惠文王为褒扬肥义的忠烈，将邯郸东部作为肥义的封地，让其子孙世袭享用，“因名其地曰‘肥乡’”，这就是“肥乡”之名的由来。

# 行政建置变迁

肥乡位于太行山东麓地区的山前走廊。新石器时期的磁山文化，说明这里已经有了人类活动。黄河与漳河汇流于此，“覃怀底绩，至于衡漳”，大禹导河治水，分天下为九州，肥乡属冀州。

肥乡为商代王畿地区，西周时肥乡属卫，春秋时期属卫，筑蒲邑，《左传》有重耳奔蒲的记载。战国时属赵。秦代隶属邯郸郡。

西汉元朔二年（前127），在肥乡西南置邯会侯国，后在肥乡东北置列人县，属广平国。肥乡东南部建柳裴侯国，肥乡西北建邯沟侯国，属魏郡。

三国时，魏黄初二年（221），废邯沟侯国，将其地及邯郸

↓ 俯瞰新肥乡城

县、列人县一部分及蒲县置肥乡县，属广平郡。

隋开皇十六年（596），废列人县，置清漳县。与肥乡同属武安郡。

唐武德元年（618），以肥乡置紫州，治肥乡城，辖肥乡、清漳、邯郸等县。武德四年（621）紫州废，肥乡、清漳改属洺州。会昌三年（843），废清漳县，属地划归曲周县。是年，又划归肥乡县，属洺州。

宋、金属河北西路洺州。元为广平路。明清属广平府。民国初属直隶大名道，1928年属河北省。

1958年7月30日，广平县并入肥乡县。10月，撤销肥乡县，城东并入曲周县，城西并入永年县。1962年恢复肥乡县建置。1993年，地市合并后属邯郸市。2016年9月，撤县，设立邯郸市肥乡区。

↓ 古屋和古树（后营）

# 古县发展历程

肥乡境内有许多古城址，是历史发展的见证。每一座城址都反映出当时聚落形态和文明程度，同时为人们展示出一幅幅非同寻常的文化画卷。

## 葛蘖城

↑ 葛蘖城遗址

葛蘖城遗址位于今肥乡城西南十公里处，刘家寨村东。始筑于赵敬侯时期，俗名葛鹅城，相传为赵武灵王夫人所筑，又名夫人城。

司马迁《史记·赵世家第十三》载："（赵成侯）十七年，成侯与魏惠王遇葛蘖。"公元前358年，赵魏两国国君在葛蘖城相会，共商抵秦方略。《太平寰宇记》载："葛蘖城，赵武灵王夫人所筑，一名夫人城。"《函楼别记》云："葛蘖城俗呼葛鹅城，相传为赵武灵王夫人所筑，一名夫人城。"赵武灵王夫人吴娃把这里作为行宫长期居住，并不断进行改造扩建。

葛蘖城，筑于战国时期，为赵都邯郸的子城或陪都，与赵成侯、魏惠王、赵武灵王、赵惠文王、平原君赵胜、肥义、吴娃等风云人物有密切的关系。据学者研究，葛蘖城建筑宏伟，宫室壮丽，殿宇辉煌，城墙高耸，堞墙环绕，雕梁画栋，蔚为壮观。亭台楼阁，小桥流水，点缀其间。街道宽夷，店铺林立，盛极一时。

清代肥乡教谕赵文濂有《葛蘖城》诗，赞曰："邯郸葛蘖城，庶几相抗衡。""垣墉距胜势，琴瑟和新声。从房列赵女，素手弹秦筝。"反映了当时葛蘖城内居民生活的祥和景象。

葛蘖城后因漳水泛滥被毁。

## 列人城

列人城位于今肥乡城东北约十公里处，坐落在漳水东岸的大堤上（时称列人堤）。清雍正版《肥乡县志·古迹》载："（列人城）旧志云在列人堤上，东汉列人即清漳城故地。《水经》云：漳水东北径列人县址故城南，王莽更之为列治矣。"

据研究，列人城由炎帝部落列山氏所建，时与板泉、曲阜等城齐名，后毁。战国时期，赵敬侯根据当时列人城的战略位置，重建列人城，作为赵都邯郸的子城。西汉时（约公元前106年）置列人县，县治列人城。570年，北齐废列人县。列人城作为列人县治所在地近七百年。

隋大业十三年（617），窦建德在河北乐寿（今河北献县）称长乐王，在列人城建列人营，屯驻重兵，抵抗隋唐军队。唐武德五年（622），李世民征伐刘黑闼。刘黑闼领兵退居列人城，双方经过三个月的数十次激战，最终刘黑闼因粮草断绝弃城逃逸。李世民纵兵火烧列人城。从此，城毁人散。

## 清漳城

↑ 清漳城奶奶庙碑

旧志说清漳城在县东三十里，遗址位于今肥乡城东二十公里的清漳村（1944年8月划归广平县）。清雍正版《肥乡县志·古迹》载："东汉列人县地，隋于此置清漳县，唐会昌中省入本县。"汉代属列人县。隋开皇十六年（596）置清漳县，县治清漳城。唐会昌三年（843），清漳县并入肥乡县。清漳城作为清漳县治所在地近250年。现基址尽废，独存城隍庙。

唐天宝十一年（752），诗人李白游邯郸，专程到清漳看望时任清漳县令的侄子李聿，并写下了《赠清漳明府侄聿》一诗。诗中描绘了清漳的大好风光，赞誉了清漳人的美丽勤劳，盛赞其侄的执政能力和清漳社会的和谐，该诗收入《全唐诗》和《李白全集》。

## 新兴城

新兴城旧址在肥乡城东南屯庄村。清雍正版《肥乡县志·古迹》载："新兴城在县东南。《通鉴》：燕王垂攻邺，不拔，于肥乡筑新兴城，以置辎重。"新兴城紧邻官路（又称娘娘路），南北通畅，交通便利。古驿站接官亭遗址、清代直隶总督于成龙"抚院

↑ 南屯庄村中耆老在指证新兴城外烟墩遗址

于老爷廉慈公宜万民永念碑”等皆在此。

新兴城中原有城隍庙，现改建为关帝庙。原来的营房场、跑马场、烽火台（俗称大烟墩）等仍为茶余饭后的街头耆老津津乐道。村中集市，由来已久。明喜寺位于村后，规模宏大，今为周围五村共享，香火旺盛，闻名遐迩。

千余年来，这里由新兴城改为古德镇，再改为南屯庄堡，现在叫南屯庄村，曾是河北八大名镇之首，肥乡四大堡之一、六大邮铺之一，名噪一时。

## 肥乡城

肥乡城城址位于肥乡中部，是肥乡县历代县治所在地。隋开皇十年（590）恢复肥乡县建置，县治即迁于此。

清同治版《肥乡县志》记载：“县城，旧在列人堤东，后迁堤西。宋熙宁间知县李某兴筑垣墉。明正德间漳水冲塌，知县张博古重修，嘉靖十二年知县梁承福甓其堞，三十一年知县潘卢增筑水沟角楼，天启二年漳水决城，又冲圮。知县王国祚修复，崇祯十二年知县郝絅改建砖城。”

肥乡城自隋开皇十年（590）至清顺治十八年（1661）的一千多年间，经过数次重修重建，已初具规模。清康熙四年（1665）七月大雨，肥乡城被水淹没，百姓奔逃，县治迁城东旧店营（今东营）。

清雍正九年（1731），知县王建中以为肥乡城地气冲腾，有焕发之象，遂倡导重建肥乡城。修城墙、建官署、筑民宅，规划街道、深挖护城河、筑外堤、修吊桥，使之呈虎蹲豹变之势。十一月十五日，县治从旧店营迁回肥乡城。后乾隆、咸丰、同治朝又对肥乡城进行了不同程度的维修、扩建。

1937年10月18日，侵华日军占领肥乡城。1945年11月15日，肥乡城解放。现为肥乡区治所在地。

↑ 肥乡城街景

## 邯沟城

《肥乡县志·古迹》云："邯沟城在县西北七里，一作十五里。……汉为侯国，后汉省。《水经注》：柳裴城西北二十里有邯沟城。《寰宇记》：邯沟故城，俗名桓公城。"今废不可考。

# 古县书院文化

历史上，肥乡先后兴办过多所书院。据《广平府志》及《肥乡县志》记载，肥乡自明代隆庆四年（1570）创建第一所书院——崇德书院至清末，先后建有十余所书院，著名的有崇德书院、漳南书院、清漳书院、振武书院、养正书院、兴复书院等。

## 崇德书院

崇德书院是肥乡创建最早的书院。明隆庆元年（1567），江西丰城人李栻由魏县知县调任肥乡后，引乡约，立保甲，设义仓，建社学。在魏县任上成功创建“思成书院”的基础上，于隆庆四年（1570）在肥乡县城西门内李沆祠堂中，创建了肥乡第一所书院——崇德书院。

在李沆祠堂设立书院，可以李沆圣相为诸生之楷模，故取名“崇德书院”，意在教育诸生尊崇李沆的美德，成为国之栋梁，以服务国家和人民。

学院有房五十五间，地六十亩，又将跑马场地两顷三分六厘拨归书院使用，以保证书院的正常经费来源。

## 漳南书院

清康熙二十年（1681），直隶巡抚于成龙视察肥乡，命肥乡士绅郝文灿在屯子堡（现属广平县）建义学一所，置学田百亩，郝文灿自任义学教师。因书院位于漳河南面，故名“漳南书院”。

康熙三十五年（1696），著名学者颜元在时任兵部督辅侍郎许三礼的敦请下，应邀主持漳南书院。许三礼还为漳南书院题写了院名。许三礼曾受业清初著名学者、名儒孙奇逢门下。《肥乡县志》载，甲午春，（孙奇逢）游齐鲁，道过肥乡之函楼，讲论数夕。

颜元主持书院时，在“讲习堂”中写了一副对联：

聊存孔绪励习行，脱去乡愿禅宗训诂帖括之套；
恭体天心学经济，斡旋人才政事道统气数之机。

这副对联体现了颜元的办学宗旨，其教学的主要内容是三事（正德、利用、原生）、六府（金、木、水、火、土、农）、三物（六德、六行、六艺）。漳南书院的影响深远。学院倡导的“习行经济”的教学方法和思想，对后代也产生了深刻的影响。

↑ 油胡寨村民在察看漳南书院功德碑

## 清漳书院

清乾隆十年（1745），知县饶安绪创建清漳书院。同年，后任知县郑大进改建至学宫前。同时，亦改清漳书院为崇德书院。聘

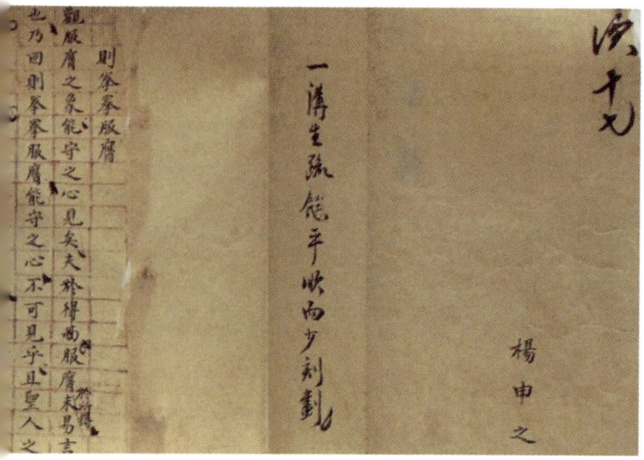

↑ 清漳书院试卷

任进士马溥为师主持书院。为激励学生上进，郑大进拿出廉俸银二百金作为书院奖励基金，不仅买纸笔奖励优秀学生，而且还为贫困学生提供生活补贴。

乾隆十二年（1747），郑大进迁职离任，书院复名清漳书院，并聘请章学诚主持书院。章学诚，乾隆年间进士，著名校勘学家、史学理论家、方志学家、文学家、教育家，曾任国子监典籍。后主讲永平（今河北卢龙）敬胜书院、保定莲花书院、归德（治今商丘市南）文正书院。他知识渊博，精通史学，著有《文史通义》。章学诚主持清漳书院期间，对教育进行了一系列改革和大胆尝试，编著有《清漳书院会课策问四书大义六道》《清漳书院会课策问》《清漳书院留别条训》等。他采取“劝诱法”“变易法”“更新法”等方式教学，反对“童蒙入学之初先授句读”的死记硬背方法，其很多观点和方法，对现在的教育仍有一定的借鉴作用。

↑ 东刘家寨百年柳树

↑ 南谢堡四百年古槐树

肥乡在数千年的发展中，历代先贤创造了丰富多彩的文化，名胜古迹星罗棋布。有文物、城池遗址，有秦汉官宦古冢，又有祠庙殿堂景观，还有寺观袅袅香烟，可谓古韵名胜耀古今。

# 第二章
# 古韵名胜耀古今

## 西张庄汉墓群

西张庄汉墓群位于大寺上镇西张庄村南600米，共有四座墓葬，每座墓葬间距约50米，排列呈四边形，东、西、南、北四个角分别有一座墓葬，以东北角墓冢规模最大，墓葬的封土高约7米，直径约40米；其余三个冢高约5米，直径约20米。传墓葬主人为东汉贵族官宦之家。

2018年，河北省人民政府公布西张庄汉墓群为河北省重点文物保护单位。

↓ 西张庄汉墓群

# 平原君赵胜墓

平原君赵胜墓位于元固乡西屯庄村西，为战国时所筑。墓区占地十余亩，松柏参天，郁郁葱葱。墓葬坐北朝南。据有关文献记载，赵胜墓封土原高数丈，望之若山，墓上的冬雪暮春方消，“赵陵春雪”为肥乡古十景之一。

赵胜墓封土为圆形，现存封土直径近10米，高约3.5米。墓前有墓碑，螭首龟趺，碑通高3.61米，宽0.79米，为明代万历二十年（1592）立。碑阳阴刻大字“赵平原君墓”，碑阴为《平原君墓碑记》，字迹依稀可辨。

↑ 平原君赵胜墓

平原君赵胜墓在文献中有记载。唐李吉甫所撰《元和郡县志》，是中国较早的地理总志，在卷十九中记载：“河东道洺州肥乡县，本春秋时晋地，七国时属赵，今县即汉邯郸县地；魏黄初二年分邯郸、列人等县立肥乡，属广平郡，后魏省入临漳；隋开皇十年又置，属磁州，十六年割属洺州。平原君墓在县东南七里。”这是目前所见有关平原君墓位置的最早记载。清雍正版《肥乡县志》载：“平原君冢在县东南八里西屯庄村，有碑记。”同治版《肥乡县志》载：“平原君赵胜墓在县东南西屯庄，元和志平原君墓在县东七里。”马端临《文献通考·洺州舆地考》载：“肥乡有平原君墓。”明郭崇嗣《赵平原君庙记》云：“肥壤在战国时，本赵邯郸地也。城南八里，厥地隆亢，有平原君墓。巍然高数丈，望之若山。”根据明人的记载，在墓葬的东侧地势稍坦，有古庙三间，即平原君庙，中雕塑神像，碑碣不存，周围有墓田若干亩，岁久蚕食只余十亩二分。明代正德元年（1506），当地村民开始重建平原君庙，嘉靖己丑年（1529）完工并请郭崇嗣撰写碑文。

郭崇嗣，肥乡人，明代嘉靖进士，历任河南佥事、陕西参议副使。因乡里有传说中的“赵王坟”，旁有“赵王庙”，因此他结合《文献通考》等诸典籍关于平原君墓位置的记载，考证“赵王庙”祭祀的就是战国平原君。乡民传为“赵王坟”的高大土丘即为“平原君墓”，并撰文立碑以记。

张学颜，肥乡人，明代嘉靖进士，曾任户部、兵部尚书，死后被追赠少保。张学颜对郭崇嗣的考证大加赞同。张学颜之孙，骠骑将军张懋忠在碑阴《平原君墓碑记》中说：“赵诸公子胜平原君，司马子长云：翩翩浊世之佳公子也。比主六国之会，喜宾客，飞仁扬义，名满诸侯，辉煸简册，脍炙人口，时何其盛也。所可仰见，独今一丘，草木嗟夫，恸哉！夫赵都邯郸者也，公子相惠文、孝成，凡三去三复，卒于邯郸，而葬于今。则云：葬肥义之乡僻，亦称甚。”

1982年，河北省人民政府公布平原君赵胜墓为河北省重点文物保护单位。

# 井堂寺圣井

井堂寺圣井位于肥乡古城西北两公里梁庄村东井堂寺内。多少年来，这里一直盛传着关于孔子掘井的故事。

相传，春秋战国时期，孔子周游列国路过此地，远看此处瑞气冲天，近前更觉神清气爽，遂对颜回与子路说：“此处有灵气，如挖一口水井，可对周边庶民大有益处。”于是，孔子亲自选定位置，设计的水井图形犹如水瓶状，下端内壁直径一丈零二寸，向上逐渐收拢，至井口处内壁直径为六尺一寸。

当时，孔子白天指挥弟子和民众一起挖井，夜晚在附近村庄为

↓ 井堂寺大雄宝殿

百姓讲学演礼。农历六月初六，水井挖成出水，井水清澈甘甜，沁人肺腑，附近四邻八乡的百姓都赶来此处，载歌载舞，欢呼庆祝。后来，人们为纪念孔子，将此水井取名圣井，又因井中有一只三足蟾居住，故又称为蟾井。

井堂寺始建于隋朝年间，坐北朝南。因寺依“井”而建，故取名曰“井堂寺”。

井堂寺沿中轴线依次建有山门（天王殿）、水陆殿、大雄宝殿、藏经阁。两侧为达摩殿、伽蓝殿、寮房等建筑，为了纪念孔子在此掘井，还建有孔圣人殿、圣井八角亭，并在西侧建有孔子讲学演礼堂。演礼堂分“礼厅”“书厅”“御厅”“乐厅”“射厅”“数厅”六个大厅。

孔子掘井、讲学在当地有很广泛的影响，至今在井堂寺附近的梁庄、常耳寨和龙堂堡等村庄还有孔子的讲学遗址和演礼传说。

2005年，河北省人民政府公布圣井为河北省重点文物保护单位。

↓ 圣井保护碑

# 肥乡碑刻文化

在历史发展过程中，先贤为了记录历史给我们留下来许多碑刻，如赵平原君墓碑、窦公神道碑、重修慧明寺碑等，这些碑刻文化无论是纪事还是立传，都承载着丰富的文化内涵，是肥乡历史文明的见证。

## 赵平原君墓碑

赵平原君墓碑位于平原君赵胜墓前，立于明万历二十年（1592）。螭首龟趺，碑身高198厘米，宽79厘米，厚27厘米。碑阳镌“赵平原君墓”五个榜书大字，雄强凝重，苍劲有力。碑阴铭文10行，满行40字，字字雄浑，句句铿锵。由时任骠骑将军的武探花张懋忠撰文书丹。不知何时，碑断为两截，有20个字已无法确认。清同治版《肥乡县志》所载碑文亦缺此20字，说明此碑至少毁于清代中期。

↑ 平原君墓碑

碑记对平原君赵胜给予高度评价：比主六国之会，喜宾客，飞仁扬义，名满诸侯，辉煽简册，脍炙人口，时何其盛也。同时，对确定平原君墓址做了简要说明：“唐宋相传以来，城南数里有冢，即平原君墓。”

## 窦公神道碑

窦公神道碑全称为“昭文馆大学士正议大夫窦公神道碑”，位于肥乡东北5公里城西村西南角200米处窦默墓神道前，系窦默去世8年后，其子窦履于元至元二十五年（1288）立。螭首龟趺。通高470厘米，碑身高255厘米，宽113厘米，厚35厘米。碑文由元翰林学士承旨知制诰王盘撰写；少中大夫，山东东西道提刑按察使胡祗遹书丹；正奉大夫，前参知政事商挺篆额。阳额阴文篆书，阴额阴文隶书，3列15字，皆为“昭文馆大学士正议大夫窦公神道碑”。碑阳、碑阴铭文相连，各24行，满行67字，约为1900字。清同治元年（1862）教谕赵文濂曾捐款重修。现为河北省重点文物保护单位。

↓ 窦公神道碑

碑文简述了窦默家业及其金兵南下时逃亡、学医、交友、习理、行医、讲学之经历，以及元世祖忽必烈为藩王时，将其召之潜邸，问以治国之道，并使其辅导长子真金等诸事。忽必烈即位后，任其为翰林侍讲学士，加封嘉仪大夫、昭文馆大学士、正议大夫。累赠太师，封魏国公，谥文正。

↑ 张韶墓圣旨碑拓片

### 张韶墓圣旨碑

张韶墓圣旨碑身高166厘米、宽68厘米、厚20厘米，碑帽一体。材质为青石质，是明万历十三年（1585）五月二十八日，刚刚致仕还乡的太子太保、兵部尚书张学颜为其曾祖张韶所立墓碑。碑额刻有龙凤呈祥图案，写有“皇明奉天诰命”六个篆字。碑阳是明朝万历皇帝敕封张学颜曾祖父张韶的圣旨，右首书“赠光禄大夫太子太保张公韶暨一品夫人杜氏诰命二道”，一道为“及曾孙之显，为予匡国之良，兹赠尔为光禄大夫、太子太保、兵部尚书”；一道为赠其曾祖母杜氏“为一品夫人”。

↑ 张韶墓圣旨碑

碑阴为《墓表》，碑额刻有祥云图案，上下竖写“碑阴”两字，右边刻有“墓表”两字。正文介绍张学颜曾祖父、祖父、父辈和同辈成员功名、仕途官职及皇帝敕封情况。首先说明张韶出仕为官情况：“初入粟，为吏掾，不缘法害人，邑令雅重之。授江西南昌府仓官。职卑守慎，出入锱铢必当。任满升陕西八叠岭巡检，不以多捕报功。获贼可疑者，径释之。”其次叙述了自曾祖张韶至张学颜的世系关系、为官情况等，并将其后世之辉煌皆归功于“曾祖之留也”。为此“刻石墓道，以见积善之庆云”。

### 李佃墓圣旨碑、墓碑

李佃墓圣旨碑、墓碑位于肥乡东二里王庄村后，系都察院左都御史李杜于明万历三十六年（1608）仲春为其父李佃所立。时李佃已去世三十九年。原碑皆为螭首龟趺，并立于李佃墓前。2012年12月，李氏后代子孙将其从地下约五米处挖出，移立于西马固村中李氏宗祠院内。

↑ 李佃墓圣旨碑

李佃墓圣旨碑，总高408厘米，碑身高248厘米，宽90厘米，厚26厘米，位于东侧。敕文为正楷书就，中锋运笔，舒展浑厚，笔致周实，圆润而刚健。其诰文为万历九年（1581）九月二十一日，朝廷因其子李杜任“山西汾州孝义县知县，为政清廉耿介，体恤民情，政绩卓异”，而赠其父李佃为“文林郎，山西汾州孝义县知县”，赠其母石氏为孺人。

李佃墓碑，总高444厘米，碑身高261厘米，宽90厘米，厚30厘米，位于西侧，碑阳铭文20行，满行72字，计1400余字，为李杜亲自撰文并书丹，正楷书就，清峻有力。碑文介绍了李氏家族自李佃以上六世之谱系关系。同时，详细说明了李佃一生的家境和生活状况、婚姻状况、学业状况等。值得告慰先祖于地下的是，在其父去世七年后的万历五年（1577），李杜考中进士，初授孝义知县、擢吏部主事，升河南参议，迁江西布政使，官至总宪（都察院左都御史）。

↑ 李佃墓碑

## 重修慧明寺碑

重修慧明寺碑位于肥乡城北10公里西张寨村后慧明寺大雄宝殿前方，螭首龟趺，碑身高223厘米，宽88厘米，厚22厘米，品相良好，铭文清晰可辨。《重修慧明寺碑记》由乡进士、文林郎、知山西太原府阳曲县事，肥乡人胡应召撰文；陕西宝鸡知县邑人游鲤化篆额，县学增生、西张儿寨人宋足征书丹。笔画舒缓

↑ 重修慧明寺碑

↑ 本书主编在考察重修慧明寺碑

↑ 明代潞州卫屯田碑

有度，章法遒劲流变。为明崇祯元年（1628）季夏时节立。

碑记首先阐释了佛国五精舍，即孤园、灵鹫山、猕猴江、菴罗树、竹林园。释迦谱云：“息心所栖，故曰精舍，行者精炼之所也。”继而又说明了设立佛寺的意义：“佛寺之设，盖欲仿五精舍之义，而布满之。”还论述了儒佛之关系：“读《楞严经》似佛在儒上；读《阿含》等经，似佛在儒下；读《华严经》云无儒无佛。”

碑记还记述了寺院建设规制及其他事项。

## 明代潞州卫屯田碑

明代潞州卫屯田碑位于明代嗒喇罕寨营（今肥乡北营村）营盘街，系嘉靖三十年（1551）三月勘察屯田土地后所立，圆首方趺，碑身高116厘米，宽73厘米；正文20行，满行40字，计700余字，正楷书写，笔意舒展，坚实细润。

明嘉靖三十年（1551）三月，钦差督理屯田，委派胡万方、柴承爵、秦世官由肥乡知县潘卢配合，将位于肥乡嗒喇罕寨营的军屯土地勘察丈量明实，登记造册，埋立石柱分界。为防豪强奸伪之徒侵占挪移界石，特立碑碣明示。同时，警告世人，如有移界毁碑者，由承种者并诸邑人等指实，可将之呈告捉拿，依律问罪。

明初的按卫所编制的世袭服役军士同屯田相结合的政策，一方面保证了战时兵源充足，人数稳定，又分散成屯，屯田自给，减轻了国家养兵的负担；一方面又帮助了移民，使那些军人家属、承佃者长期随军耕种屯田，日久天长，便就地娶妻生子，落户异乡，成为新的移民。现在肥乡北营等村很多人都是当年军屯者的后裔，成为当地发展生产的一支有生力量。

↓ 本书主编在考察屯田碑

## 高氏宗祠碑

↑ 高氏祠堂清代牌位

高氏宗祠碑立于前黄寨高氏宗祠内，清光绪十九年（1893）重修时所立。碑身高98厘米，宽42厘米，厚16厘米，圆首无座，镶于碑楼之中。碑文由当年清漳书院值年生员高天爵撰文，时任肥乡知县言家驹指导。

碑文从“创业之难”“守业尤难”发端，以“为子者诚能守（业）”，则“可以对后生，亦可以对先祖”，为“一传家之要道”，进而叙述了高氏自明成祖永乐二年（1404）从山西洪洞迁肥乡以来，创业和发展的历史，警示后世不忘先祖，协力同心，

↓ 高氏宗祠碑

↓ 大康堡铭

共创辉煌。

↑ 郭家堡李氏宗祠清代碑刻

## 李氏宗祠碑

李氏宗祠碑立于郭家堡九茂堂李氏宗祠内，宗祠建于何时无从考证。清乾隆十九年（1754）重修时立宗祠碑一通。碑身高150厘米，宽54厘米，厚22厘米；方首方趺，座高40厘米。

碑阳刻有重修时间和主持重修的李氏族人姓名，载明监修者、督匠者和助理者姓名，分工明确。碑阴记述了祖先之由来，祠堂建设详情，祖先花名世系等。

中国民间文化遗产抢救工程
THE PROJECT TO CHINESE FOLK CULTURAL HERITAGES

历史上，肥乡“儒贤接迹，人文蔚兴。将相之勋名辉映简册，风俗之醇美冠绝畿南”。不胜枚举的历代名人，留下了诸多使人传颂的做人规范、为官艺术、处世伦理、办事操守等，给后人以联想和启迪。

↓ 肥乡城一角

# 第三章

# 肥乡地灵育英才

## 相国肥义

肥义（？—前295），肥氏，名义，战国时赵国大臣。一生先后辅佐过赵肃侯、赵武灵王和赵惠文王，是赵国不折不扣的三朝元老，堪称贵臣。

↑ 相国肥义（左）与赵武灵王塑像

公元前326年，赵肃侯因病去世，其子赵雍即位，即赵武灵王。赵肃侯临终前将年幼的赵武灵王托付给了肥义。赵武灵王将肥义视为先王的托孤重臣，由于赵武灵王年少，未能亲政，所以每每处理政事都要先过问肥义，肥义的品级和俸禄也因此得以提高。

赵武灵王十九年（前307）的一天，赵武灵王端坐宫中，肥义相侍于侧，问：“大王是否在考虑时事变化，权衡兵力使用，思念于赵简子、赵襄子等先祖的光辉事迹，盘算着如何从胡、狄那里得到好处呢？”

赵武灵王听了这话，回答道：“继承君位而不忘祖先功德，是做君王应遵循的原则；委身于君，致力于光大君主的长处和功绩，是做臣子的本分。所以贤明的君王在平时就要教育老百姓为国出力，战时则要争取建立继往开来的功业。做臣子的，在不得志时要保持尊敬长辈谦虚退让的品行，地位显达以后要做出有益于百姓和君王的事业。这两个方面，是做君王和臣下的应尽职责。”

“现在，寡人想继承襄子的功业，开发胡、狄地区，但我担心一辈子也没人能理解我的用心。敌人薄弱，我们不必付出太多力量，就会取得非常大的成果，不使百姓疲惫，就可以得到像简子、襄子那样的功勋。建立盖世功勋的人，势必会遭受世俗责难；而有独到见解的人，也必然会招惹众人怨恨。现在，寡人准备教导民众穿着胡服练习骑射，但这样一来，必会招致国人的非议与指责。”

肥义说：“臣听闻，做起事情犹豫不决就无法成功，行动在即却顾虑重重就不会成名。现在大王既然下定决心背弃世俗偏见，就不要去顾虑天下人的非议。凡是追求最高道德的人，都不会去附和俗人的意见；成就伟大功业的人，都不会去与众人商议。昔日舜帝跳有苗的舞蹈，大禹裸身进入不穿衣的部落，他们并非是想放纵情欲，怡乐心志，而是想借此宣扬道德，建立功业，求取功名。愚蠢的人在事发后还看不明白，而聪明的人却能在事未发前就有所察觉，大王您应该按您的想法去付诸实施。”

赵武灵王说：“我并非是对胡服骑射这件事有什么顾虑，而是担心天下人会笑话我。狂狷的人觉得高兴的事，有理智的人会为此感到悲哀；愚辈高兴之事，贤者却会担忧。如果国人支持我，改穿胡服的功效就不可估量。即使举世百姓都讥笑我，北胡与中山国也定会成为我赵国的领土。”

就这样，赵武灵王听从肥义的劝谏，开始“胡服骑射”的改革。在肥义等大臣强有力的推动下，赵国完成了“胡服骑射”重大改革，军事力量大增，先后灭中山，退三胡（林胡、楼胡、东胡），修筑长城，开辟疆域，进一步加强了赵国的军事力量，使赵国历史进入最辉煌时期，成为东方军事实力最强大的国家，雄居战国“七雄”之列。

公元前299年，赵武灵王为专志于军事，废太子章而立少子何，是为赵惠文王，自号为主父，任肥义为相国。肥义又担负起辅佐赵惠文王的重任。长子安阳君赵章对废长立幼之举怀恨在心，与其相田不礼勾结在一起，企图伺机谋权夺位。赵国太傅李兑察觉到公子章的阴谋，向肥义提醒说：“安阳君强大而骄横，党羽甚多，且心怀叵测。田不礼刚愎自用，知进而不退。二人互相勾结，野心不小，其祸事不远。你重任在肩，祸必先及，不如假称有病，传政于公子成，可以自保。”肥义说：“主父把大王嘱托于我，拜为相国，以安抚社稷。今未见祸事，而先避让，势必为世人所笑。”肥义对公子章的图谋不轨也有所察觉，听了李兑之言，于是对近侍臣高信说：“今后若有求见君王者，必先告我。”

公元前295年，在主父、赵惠文王同游沙丘宫（在今广宗县）时，赵章与田不礼以为“大王出游兵马不济”，密谋叛乱，决定先发制人。他们设下伏兵，派使者假称主父有病要见赵惠文王。肥义怀疑有诈，便按照事先的安排对惠文王说：“让我先去看个虚实，如没有什么变故，大王方可前去。”随后带数名随从出宫，至中途，被伏兵误以为赵惠文王而将之杀死。肥义虽然遇难，但为赵惠文王赢得了反击的时间，勤王之师及时赶到，扑灭了赵章点燃的叛乱之火。

肥义死后，赵惠文王为褒扬肥义的忠烈，将赵都邯郸以东作为肥义的封地。肥义忠君护主的忠烈事迹，“疑事无功，疑行无名”的改革精神，为后世所称道。

# 平原君赵胜

赵胜（前309—前251），赵国贵族。赵武灵王之子，赵惠文王之弟。因贤能而闻名。赵惠文王时期担任相国，后又为赵孝成王之相，三去相，三复位。封于东武城（今属山东），号平原君。和齐国孟尝君田文、魏国信陵君魏无忌、楚国春申君黄歇合称“战国四君”。司马迁著《史记》，将平原君与虞卿合立《平原君虞卿列传》，《赵世家》《魏公子列传》《范雎蔡泽列传》《廉颇蔺相如列传》《鲁仲连邹阳列传》等亦散记有其事迹。

公元前266年，赵惠文王死，其子即位为赵孝成王，平原君赵胜为相。适逢魏王派须贾出使秦国，秦相范雎叫须贾带信给魏王，立即把他的仇人魏齐的脑袋送来，否则将要屠大梁。魏齐听说害怕了，逃到赵国，藏匿在赵胜家。

第二年，秦昭王听说魏齐在赵胜家，就给赵胜写信，说：“我听说您的高义，愿作布衣之友，希望您到我这里来，愿意与您为十日之饮。”赵胜便至秦国见秦昭王。席间，秦昭王对赵胜说：“昔日周文王得吕尚以为太公，齐桓公得管夷吾以为仲父，今天范君也是我的叔父。范君的仇人在您家，愿您使人取其头来。不然，我不放您出关。”赵胜说：“魏齐是我的朋友，即便在我家，也不应当交出来，何况又不在我家。”秦昭王又给赵孝成王写信说：“范君的仇人魏齐在赵胜家，王赶快使人把他的头送来。不然我将发兵攻赵，且不放赵胜出关。”赵孝成王发兵围赵胜家。魏齐夜间逃至大梁，欲通过信陵君而去楚。信陵君畏秦，犹豫不肯见，魏齐见信陵

↑ 平原君赵胜画像

君有难意，怒而自杀。赵孝成王终于将魏齐的头送到秦国，秦昭王才放赵胜回国。

公元前261年，赵孝成王五年，秦围邯郸。赵王派平原君去楚国求援，临行前，平原君准备挑选二十名文武门客随同前往，已选中十九人，尚缺一人。这时，门客毛遂自告奋勇，愿与平原君同往。平原君问："毛先生至赵国几年？"毛遂答："三年。"平原君又问："先生若为圣贤之辈，三年未曾被人称诵，是先生无才能也。"毛遂答："吾乃囊中之锥，未曾露锋芒，今日得出囊中，方能脱颖而出。"平原君心悦诚服，率毛遂等二十人前往楚国。至楚国后，赵胜与楚王谈判订立合纵盟约之事，再三陈述利害关系，从早晨就开始谈判，直到中午还没确定下来。毛遂登堂，陈述利害关系，成功劝说楚王与赵国订立合纵盟约，联兵抗秦。平原君赞颂毛遂："毛先生一至楚，而使赵重于九鼎大吕。毛先生以三寸之舌，强于百万之师。"后将毛遂视为上客。

平原君赵胜从楚国回到邯郸后，楚国派春申君带兵赶赴救援赵国。魏国的信陵君也假托君命夺了晋鄙军权带兵前去救援赵国，可是援兵还没有赶到，邯郸告急，赵胜极为焦虑。赵国有个叫李同的人就劝说赵胜："您不担忧赵国灭亡吗？"赵胜说："赵国灭亡那我就要作俘虏，为什么不担忧呢？"李同说："邯郸的百姓，拿人骨当柴烧，交换孩子当饭吃，可以说危急至极了，可是您的后宫姬妾侍女数以百计。侍女穿着丝绸绣衣，精美饭菜吃不完，而百姓却粗布短衣难以遮体，酒渣谷皮吃不饱。百姓困乏，兵器用尽，有的人削尖木头当长矛箭矢，而您的珍宝玩器、铜钟玉磬照旧无损。假使秦军攻破赵国，您还能拥有这些东西吗？假若赵国得以保全，您又何愁保不住这些东西？现在您能命令夫人以下的全体成员编到士兵队伍中，分别承担守城劳役；把家里所有的东西全都分发下去供士兵享用，士兵正当危急困苦的时候，是很容易感恩戴德的。”于是赵胜采纳了李同的意见，得到敢于冒死的士兵三千人。李同就加入了三千人的队伍与秦军决一死战，秦军因此被击退了三十里。这时也凑巧，楚、魏两国的救兵到达，秦军便撤走了，邯郸得以保存下来。李同在同秦军作战时阵亡，赵王便赐封他的父亲为李侯。

赵国的上卿虞卿见邯郸解除了危机，就向赵王替赵胜请求增加封邑。门客公孙龙劝说：“我听说虞卿替您请求增加封邑，有这回

↓ 平原君赵胜塑像

事吗？”赵胜回答说：“有的。”公孙龙说：“这是很不合适的。国君让您担任赵国宰相，将东武城赐封给您，是因您与国君是近亲的缘故。您接受相印也是由于自己是国君近亲的缘故。如今信陵君出兵保护邯郸，而您要求增加封邑，这是无功时作为近亲接受了封邑，而有功时又要求按照普通人来论功计赏。您一定不要听从他的主张。”赵胜于是拒绝了虞卿的建议。

公元前251年，平原君赵胜病逝。根据他的遗愿，葬于赵南长城脚下（今肥乡区西屯庄村西北）。门客毛遂也随葬于此。

## 圣相李沆

李沆（947—1004），字太初，北宋洺州肥乡天河堡（今肥乡南相公庄）人。出身于读书人家庭，父亲李炳任从七品殿中侍御史。李沆少而好学，志向远大。太平兴国五年（980）举进士甲科，此年他33岁。李沆老成持重，宋太宗很欣赏他的人品才学，多次破格拔擢。太宗淳化三年（992），被任命为给事中、参知政事（副相，后因丁忧去职）。赵恒被立为太子，宋太宗任命李沆为礼部侍郎兼太子宾客，诏赵恒以师礼待之，实际上是为太子选定了未来的宰辅。赵恒即位（即宋真宗），德行出众的李沆担任参知政事。宋真宗咸平元年（998），李沆接替因身体不佳请辞的吕端担任宰相，直到景德元年（1004）七月突发急症死于任上。

《宋史》评价“李沆为相，正大光明”，无愧于宰相之任。有人评价李沆的过人之处，一曰料事如神，二曰识人之明。

宋真宗初即位，刚刚开始理政，李沆每天都要将天下水旱盗贼之事上奏。他的同年、参知政事王旦认为，这些琐碎小事由一般朝臣处理即可，不需要劳烦皇帝。李沆说："皇帝还年轻，应该让他知道民间疾苦。不然，皇帝正是血气方刚的年龄，就算不留意声色犬马，也会大兴土木、擅动刀兵、求神祭祀。我老了，可能看不见那一天了，但这是你日后执政时所面临的后患。"当时西夏李继迁割据西北，频频侵扰边境，朝臣有时议政到深夜。王旦感慨道："我辈何时才能坐享太平，有点闲暇时间悠闲宴饮啊？"李沆却说："国家有强敌外患，倒是恰好可以作为警戒。只怕是将来天下太平，未必真的就高枕无忧了。"可惜王旦当时并不理解李沆的话，最终留下千古遗恨。

↑ 圣相李沆像

宋真宗即位之初曾经问李沆，治国之道首先应注意什么？李沆回答："不用浮薄新进喜事之人。"宋真宗忙问，哪些人属于这种人？李沆说梅询、曾致尧、李夷庚就是。史书记载，梅询为人"卞急好进"，喜欢高谈阔论，却眼高手低，多次因违法乱纪而被降职。曾致尧是曾巩的祖父，为人刚直、轻率，做事欠考虑。宋太祖曾说他"所言刻薄不可行"，属于做事孟浪的人。当时朝廷派曾致尧辅佐温仲舒安抚陕西，他竟然在殿门前口无遮拦，放言温仲舒"不足与共事"，全无大局观念，李沆不得不派人取代他。李夷庚是个两面派，通判南海之时，曾经不辨真相诬告上官受贿，导致

↑ 肥乡城内李沆坟

上司受到冤屈。对丁谓的看法，更能表现出李沆的远见卓识。丁谓少年成名，做事精明干练，在同龄人中出类拔萃，是不可多得的人才。寇准与丁谓私交不错，特别看重丁谓的才学，多次向宰相李沆推荐丁谓。李沆看不起丁谓的为人，对寇准说："观其为人，能让他高居人上吗？"寇准则说："像丁谓这样有才干的人，你怎么可能长期压制，使他久居人下呢？"李沆苦笑着说："等你将来后悔的时候，会想起我说的话的。"

天禧三年（1019）寇准再度拜相，他举荐"机敏有智谋"的丁谓担任参知政事，却又因小故而得罪丁谓。丁谓怀恨在心，竟勾结对寇准不满的刘皇后等人，将寇准一贬再贬。丁谓尚嫌不够，还想方设法迫害寇准，多次派人逼迫他自尽，必欲置之死地而后快。至此，寇准不得不拜服李沆的先见之明。

李沆喜读《论语》，叹息做宰相没有做到"节用而爱人，使民以时"。他的治国理念，更偏向于道家清静无为的主张。他认为：朝廷的法律制度已经完备，政府及大小官员只要不违祖制，恪尽职守即可致天下太平。他在担任宰相期间坚持依律行事，讲究光明正大，公正无私，不邀宠媚上，不标新立异。对"新进喜事之人"，他敬而远之；对"兴利除害"之举，他"一切报罢之"，他认为所谓"兴利除害"，不过是"新进喜事之人"为了个人目的，巧立名目蛊惑皇帝而已。

李沆死后不久，澶渊之战爆发，宋军在寇准的主导下屡败辽军，迫使辽国遣使求和。失去辽国的强援，党项人也不得不与大宋坐下来和谈，天下终于太平了。但李沆担心的事情，在和平时期逐渐成为现实。先是寇准很快被“新进喜事”的王钦若进谗言而失去相位。忠厚正直的王旦当上了宰相，虽阻止了王钦若入相，却没能阻止宋真宗在王钦若、丁谓等人怂恿下，大搞天书祥符、封禅郊祀，十四年间耗尽民脂民膏，使大宋在本可以休养生息的时期却元气大伤。王旦自己不仅没能“坐享太平”，还落得终身遗憾。据《宋史·李沆传》记载：“沆为相，王旦参政事，……旦乃以沆先识之远，叹曰：‘李文靖（李沆谥号文靖）真圣人也。’遂谓之‘圣相’。”

宋真宗追赠李沆为太尉中书令，谥号“文靖”。乾兴元年（1022），宋仁宗感李沆在世丰功伟绩，下诏李沆牌位配享真宗庙庭。宋理宗时封李沆为昭勋阁二十四功臣之一。清康熙六十一年（1722），准其从祀历代帝王庙。

李沆以清静无为治国，注重吏事，尤为注意戒除人主骄奢之心。有“圣相”之美誉，史称其为相“光明正大”，王夫之称其为“宋一代柱石之臣”。

## 工部尚书李维

李维（生卒年不详），字仲方，圣相李沆之弟。北宋时洺州肥乡天河堡（今肥乡南相公庄）人。宋太宗雍熙二年（985）进士，历任保信军节度推官，擢直集贤院，出知歙州，迁兵部员外郎、为翰林学士，累迁中书舍人。

宋真宗时，因契丹求和，派李维为正使，相会塞下，签约庆贺。后契丹欲同宋断约，皇帝复差遣李维出使交涉。契丹王隆绪因重李维之名，以厚礼相待，仍续前约。

宋仁宗初，迁尚书左丞兼侍读学士，工部尚书。宋仁宗天圣四年（1026），改相州观察使。宋仁宗景祐中，赠尚书右仆射。后知陈州，卒年71岁。

李维通今博古，以文章知名于世，至老手不废书。他一生著述颇丰，宋真宗景德后所刊印的典章名物，多经其审定。李维去世后，家中除藏书外，余资极少。

## 大学士窦默

窦默（1196—1280），字子声，初名杰，字汉卿，元代肥乡兴教乡（今城西村）人。元初名臣、名儒、名医、理学家、教育家。历任翰林侍讲学士、昭文馆大学士、正议大夫、嘉议大夫等职。

窦默出身名门，幼喜读书，有志向。1213年蒙金战火烧到肥乡，他“亲属亡殁，家业荡尽，惟余一人”，弃家南逃，过黄河，拜名医李浩为师，授以铜人针灸之法。又南走德安（今湖北陆安），孝感令谢宪子以伊洛性理之书授之。后北归大名，与姚枢、许衡讲习理学，以经术教授生徒并行医治病，由是知名。1249年，忽必烈在潜邸召窦默问以治国之道。从此窦默步入仕途，成为忽必烈终身国事顾问。

↑ 大学士窦默画像

窦默识人善任，举贤荐能，向忽必烈推荐了姚枢、许衡、史天泽等一大批德才兼备的汉族优秀人才，被忽必烈委以重任，成为元代军政要臣，为巩固元朝政权作出了贡献。

窦默为官刚正，敢于犯颜诤谏。平章政事王文统为人狡诈，心术不正，心怀叵测，窦默多次上书忽必烈，希望不要重用王文统。后来，王文统勾结其女婿李璮起兵反叛，被史天泽统兵斩杀。叛乱平息后，忽必烈愧疚地说："直言不讳，敢于指出王文统心术不正，不可用者，唯有汉卿一人。朕求贤三十余年，唯得窦汉卿、李俊民二人。"

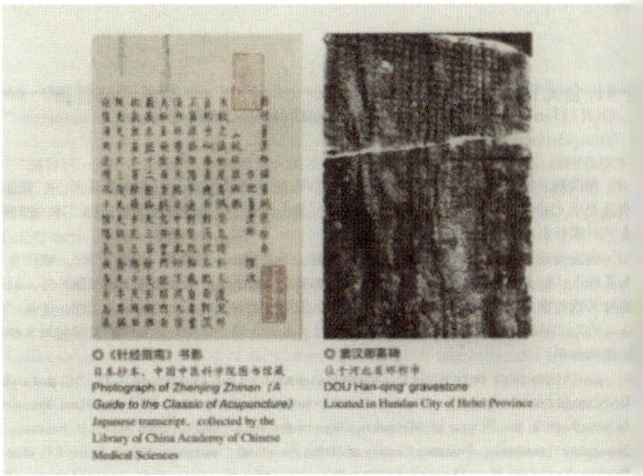

↑ 窦默《针经指南》书影及墓碑拓片

窦默在医学上有很高的成就，尤精针法，是金元时期著名针灸学家。他强调针灸与经络和脏腑、阴阳与治病的关系，对取穴宜忌、补泻等深有研究。创治病八法为烧山火，透天凉，阳中隐阴，阴中隐阳，子午捣臼、进气、留气、抽添。在重点发挥《针经》本义的基础上，结合自己的临床经验和心得，将针灸理论与实践中较为幽微、深奥、隐晦的意义，用歌赋的体裁，综合阐述，通俗易懂，便于习诵，对后世有较大影响。著有《标幽赋》《指迷赋》《铜人针灸密语》等。

至元十七年（1280），窦默病逝于大都（今北京）。同年十一月，归葬于肥乡先茔。累赠太师，封魏国公，谥文正。

# 两部尚书张学颜

张学颜（1524—1598），字子愚，号心斋，祖籍合肥，明永乐初迁居肥乡西彭固村。张学颜自幼聪明过人，好学强记。嘉靖癸丑年（1553）进士，历任山西曲沃知县、工科给事中、河南按察司佥事、山东按察司副使、右佥都御史、辽东巡抚、兵部侍郎、户部尚书、兵部尚书等职。

隆庆五年（1571），张学颜以右佥都御史巡抚辽东。其间，他向朝廷上陈《战守机宜十策》，抚恤将士，招回流亡者，充实军械，以坚守寨堡为主策，使“敌至无所亡失，敌退备如初”。他又整饬边地贸易，遂平定了辽边“寇惊”。

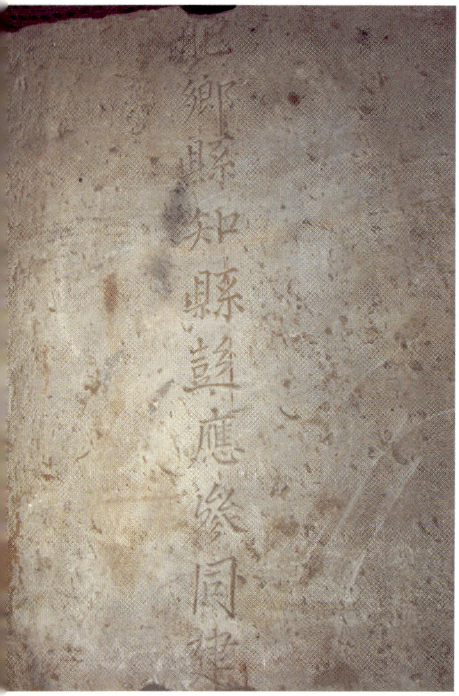


↑ 张学颜石坊

万历六年（1578），张学颜出任户部尚书，积极协助张居正改革，撰《万历会计录》，以考核田赋出纳；又上奏《清丈条例》，整理“勋戚”庄田，丈量全国土地，增加了田赋收入，减轻了农民负担。他还向皇帝力谏减少宫廷人员，有效扼制了宫廷开支；减云南黄金课（赋税）千余两，稳定了边疆局势。

万历十一年（1583），张学颜改任兵部尚书。上任后，他即上疏《止内操疏》，要求停止宫廷内操，遣散士兵，收缴盔甲等。

万历十三年（1585），张学颜七次上书“乞归省奉”。万历皇帝感念张学颜有功于江山社稷，除追赠其父母、祖父母、曾祖父母外，还敕命在其故里彭固村造“三世尚书里”石坊一座，由“总督军门兵部尚书吴兖建，肥乡县知县彭应参同建”。

↑ “四世尚书里”牌坊中的“三”改“四”

万历二十六年（1598），张学颜病逝于家中。讣闻京师，朝廷感泣，加御葬，赐祭田，赠少保。崇祯年间，因其孙左都督、骠骑将军张懋忠有功于国家，加赠特进右柱国太子太师。

清康熙三十九年（1700），张学颜后世孙张瑞生进士及第后官至吏部郎中。时任肥乡知县的许国栻认为，张学颜身为尚书，加之追赠的三世尚书，应为“四世尚书”，遂直接将石坊上的“三”字改为“四”，即为“四世尚书里”。所改痕迹清晰可见。

## 辽东巡抚张思忠

张思忠（1541—？），明肥乡县潘寨村人。嘉靖四十四年（1565）乙丑科进士，历任知州，刑部员外郎，吏部给事中，四川佥事，山西、山东参议，湖广副使，陕西参政、按察使、布政使，辽东巡抚等职。

嘉靖四十年（1561），在知县张诰的主持下，他同梁桐、郭崇嗣、李时芬、李天爵等一起编纂了《肥乡县志》，著有《圣论发明》等。中进士当年即为郑堡龙王庙重修碑书丹。万历年间又为肥乡葛家庄（今毛演堡东谢店）泰山行宫重修碑书丹。还曾为邱县中宪大夫孙维城墓志铭篆额。

张思忠为辽东巡抚时，提出辽东马市的弊端。万历二十六年（1598），“前辽东巡抚张思忠察其弊，加以裁核”。后张思忠“愤而请革，马市遂罢”。

## 都察院左都御史李杜

李杜（生卒年不详），号似斋，祖籍明广平府肥乡县侯寅堡村，后移居西马固。公谨清介，孝友力学。明万历五年（1577）丁丑科进士，首任山西孝义知县。后以卓异成绩，擢吏部主事，升员外郎，迁河南参议、湖广副使，转江西右布政使，官至总宪（都察院左都御史）。

↑ 西马固李氏祠堂

李杜升任江西右布政使后，有胥吏迎候至马固村，恰好李杜倚门而立。胥吏便打招呼询问，他似家仆一样领胥吏回家。少顷，待胥吏拜谒时，才知引见者正是李杜。胥吏惶恐地叩头谢罪，李杜待之如故。

↑ 李杜为其父李佃所立两通石碑

一次，李杜在村闲居时，偶到村外散步，正有人推车陷于泥沼，行进不得，他便上前相助。后来，推车人知道是布政使李杜时，不知如何是好，深表谢忱而去。

李杜官至总宪（都察院左都御史）。丁忧归，遂绝意仕进，耕田课子，布素终身，卒年70岁。临终诫子曰："毋求墓志，毋求乡贤，吾目瞑矣。"子遂庭，令稷山，为循吏，升胶州通判。

## "社会研究基石"王同惠

王同惠（1912—1935），又名王景云，肥乡县赵寨村人。早年就读于本县女子学校，后转入北京笃志女中，1932年考入燕京大学社会学系。

在燕京大学，王同惠与费孝通相识，二人合作翻译了法文著作《甘肃土人的婚姻》。1935年8月，在燕京大学临湖轩同费孝通结婚。蜜月中应广西省政府特约，到广西考察研究少数民族。10月18日，她和费孝通进入象县东南乡（今六巷乡），进行花篮瑶社会考察。

在考察中，王同惠发挥其语言天才，与瑶族妇女促膝细谈，这使她搜集到不少第一手真实材料。虽然在考察中，日吃淡饭，夜卧土屋，但她毫无怨言。在遇难的前一日，还对其夫说："我们回去了会追慕现在的生活的。"

↑ 王同惠与费孝通合影

11月24日，他们离开花篮瑶区域到坳瑶村寨古陈。12月16日，在由古陈到罗运途中，因向导先行不候以致王、费二人迷路，误入一带竹林中。费孝通误踏虎阱受伤，不能走动；王同惠急出竹林呼援，不幸坠崖殉职，年仅23岁，距她与费孝通结婚之期才108日。

王同惠死后安葬于广西梧州白鹤山，1963年移葬于北京八宝山人民公墓。1985年11月，六巷乡瑶族人民为纪念王同惠女士为少数民族研究而捐躯的精神，在六巷建立"王同惠纪念亭"，亭中立有王同惠纪念碑。

王同惠遗著有《花篮瑶社会组织》（费孝通整理）和《桂行通讯》等。《花篮瑶社会组织》第一次向世界全面介绍瑶族的社会组织等情况，开创了中国社会学新领域，被誉为"立下社会研究的基石"。

# 肥乡中医药人物

肥乡是中医药文化之乡，历史上名医层出不穷。如元代窦默、明代龙江老人郭晟、清代儒医杜天成、近代名家王化南等，他们在医学领域有很高的造诣，是肥乡文化不可缺少的组成部分。

## 龙江老人郭晟

郭晟（生卒年不详），字景阳，别号龙江老人。明代肥乡县赵云堡村人。洪武中仕，任龙江参军，至龙江卫经历，正八品。辞官归乡后，以医药活人甚众，所著《家塾事亲》梓行于世。《古今医统大全》“采摭诸书”则引用先生著作。他在《自序》中尝言：“古人以医之用药，如将之用兵。”又曰：“苟或无恒，为心卤莽，是幽置千金如瓦砾，视生死如末节，望其有济，不亦难乎？”其用心之切，足以励志后学。国家图书馆善本特藏部至今藏有《家塾事亲》五卷（郭晟撰，弘治十七年刻本）。

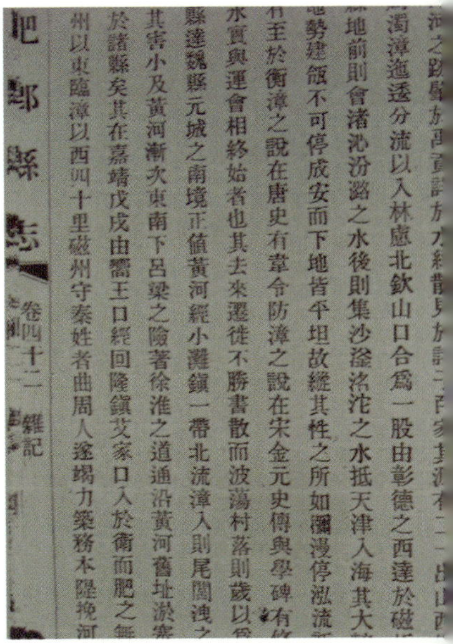
濁漳遞透分流以入林慮北欽山口合爲一股由彰德之西達於磁
縣地前則會諸沁汾潞之水後則集沙滏洺沱之水抵天津入海其大
地勢建瓴不可停成安而下地皆平坦故縱其性之所如彌漫停泓流
有主於衡漳之說在唐史有韋令防漳之說在宋金元史傳與學碑有
水實與運會相終始者也其去來遷徙不勝書散而波蕩村落則歲以
縣達魏縣元城之南境正值黃河經小灘鎮一帶北流漳入則尾閭洩之
其害小及黃河漸次東南下呂梁之險著徐淮之道通沿黃河舊址淤塞
於諸縣矣其在嘉靖戊戌由霤王口經回隆鎮艾家口入於衛而肥之
州以東臨漳以西四十里磁州守秦姓者曲周人遂竭力築務本隄挽河
肥鄉縣志 卷四十二 雜記

↑《肥乡县志》载《家塾事亲》（节录）

## 搜真子杨崇魁

杨崇魁（生卒年不详），字调鼎，自号搜真子，肥乡明代名医，于万历三十年（1602）著《本草真诠二卷》，怡庆堂刊刻，后再无翻刻。今海内仅存一本，藏北京大学图书馆。中医古籍出版社在编撰《中医古籍孤本大全》时，首次将《本草真诠二卷》列为首刻十种图书之一。今已出版，线装古帧印制，弥足豪华。

## 儒医杜天成、阎珅

杜天成（生卒年不详），清代肥乡天台山村人。据日本丹波元简《中国医籍考》载，肥乡儒医杜天成，字懿德。少业儒，家贫，从父国士学医，精脉理。道光壬寅年（1842），疫大作，施药济人，著《集验良方》《脉案》等书传世，其子文治、文田俱承家学，从姑兄阎珅游，尽得其传。

杜天成外甥阎珅（生卒年不详），字如玉，清末肥乡天台山村人，其生而聪慧，及长随舅懿德公学医，深得嫡传。据书载："方冠数年，则出其术，以活人应手立效，远近延聘者，踵接道行，畿南三辅间久之，南至卫郡，北至中山，常安车相迎，名大振。"而先生"医德则不矜己见"，"谦谦自下，不以蒲轮之逸而厌缓步，不以朱门之贵而后茅屋，居人翕然。归之，造门就医，自厚爱至日中不间。晡后长出诊病，暮夜始息。比归，而病夫有待于室。"所著《脉诀歌》及《阎氏脉诀手稿》今存未梓。

## "伤寒克星"王化南

王化南（1906—1979），肥乡王焦寨村人，1925年大名师范毕业后回本县完小任教。1937年在本县路堡村青年干部培训班加入中国共产党，同年参加了八路军（到县战委会工作）。在一次战斗中，他腿部受伤。养伤期间，他看到人们深受缺医少药之苦，激发了他学医治病的决心。1940年，他转到地方之后，遍寻名医，苦读医书，于1941年正式行医治病。肥乡解放后，他作为代表参加了肥乡县第一届人代会，同年被选为县卫生工作者协会会长。此时王化南的医疗技术在周边县市区已有名气，特别是“伤寒”“瘟疫”病的治愈率近100%，求诊患者甚多。1955年河北省卫生厅为

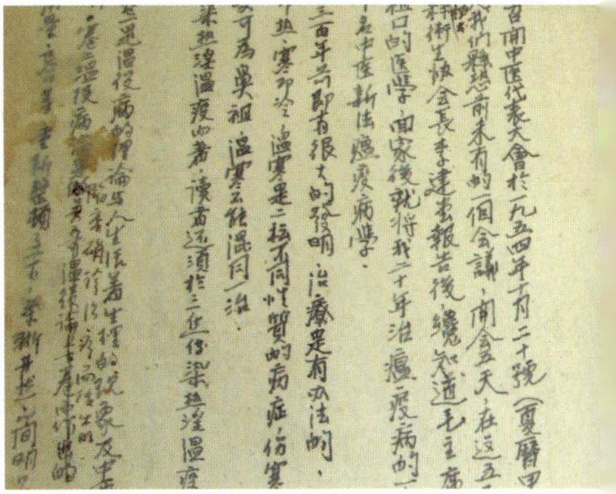
省南中医代表大會於一九五四年十月二十號（夏曆
我们縣想前來有的一個会議，開會五天，在这五
衛生協会長李達素報告後，纔知道毛主席
祖國的医學，回家後就將我二十年治瘟疫病的
在中医新法瘟疫病學。
三百年前即有很大的發明，治療是有办法的，
寒即陰，温寒是二種不同性質的病症，傷寒
可為鼻祖，温寒不能混同一治。

↑ 王化南手稿

↓ 王化难（南）笔记本

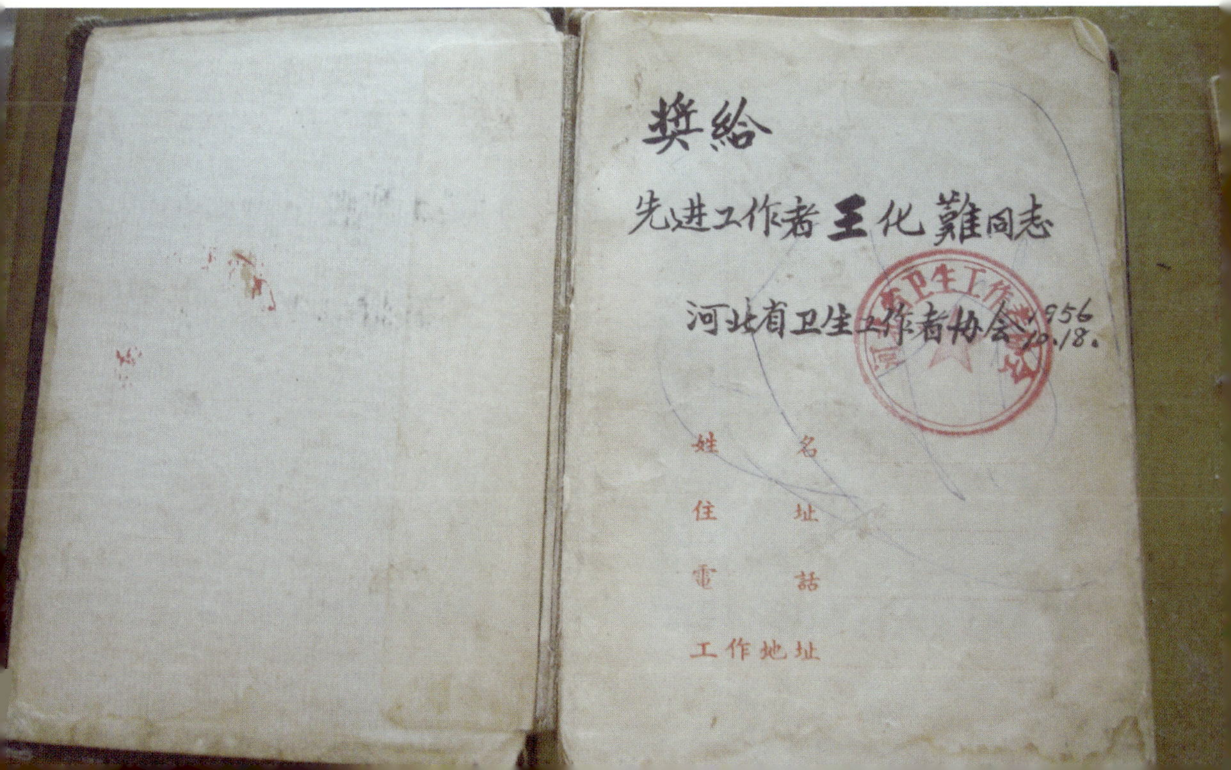

↑ 王化南和儿子王文林合影

了保护、挖掘祖国传统中医药，到各地遍寻名中医，王化南因医术出名，被选调到省卫生厅宣教部；1957年调到刚成立的河北省中医学校（1959年改为河北中医学院）任教，并与同事一起编写了《伤寒简明释义》《伤寒论讲义》《温病讲义》《妇科讲义》等教材。1962年，王化南回家后，被安排到城关镇南街诊所，一面做治疗工作，一面编写出版了《民间灵验便方》第四集。1970年之后，他开始编写《新编瘟疫病学》一书，未曾刊印，遗憾辞世。

## 名医李荣堂

李荣堂（1914—1994），曾任肥乡中心医院中医师，河北省中医学术情报员，肥乡县人民委员会委员。

1930年，李荣堂进肥乡城内最大药房“同济堂”当学徒，刻苦努力，勤学不辍。1935年出师行医，多年来修业严谨，辨证准确，潜方用药精当，临床效果甚佳，屡起沉疴，深得好评。

李荣堂性情淑筠，温柔敦厚，临床治病以德为先，用药以“效、廉、便”为要。20世纪30年代，中国国内军阀混战，再加日寇侵略，肥乡沦陷，人民生活在水深火热之中，东奔西藏，逃避战乱，饱受寒风露霜侵袭，患伤寒之症者众多。他以《伤寒论》为据，经方辨证，选麻黄汤、桂枝汤解表散寒，在此基础上制成“止咳散寒丸”，由“同济堂”廉价售给患者，解其病痛，深得穷苦人欢迎。

↑ 李荣堂（前）和儿子李秉礼（后右）、李秉义

李荣堂在学术思想上推崇温阳，他对学生说，“阳气者若天与日，失其所则折寿而不彰，故天运当以日光明”。人之生由于阳气，无阳气则死，人体中阴精是通过生成阳气发挥作用，无阳气，阴精也不能使人活命。故临床治疗要时时顾护阳气。

20世纪50年代，人民安居定处，但卫生条件较差，患温热病症较多，特别是流行性脑脊髓膜炎、流行性乙型脑炎，来势凶险，变化迅速，死亡率高，他从温病论治，选用白虎汤重剂、安宫牛黄丸实施救治，屡屡成功。

↓ 李荣堂儿子李秉礼在坐诊

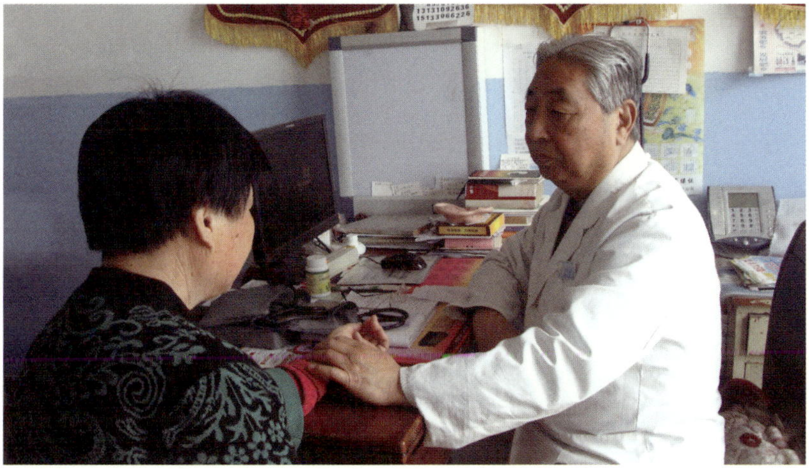

中国民间文化遗产抢救工程

THE PROJECT TO CHINESE FOLK CULTURAL HERITAGES

肥乡，是革命老区之一，在近代发展史中，涌现出很多革命志士，在此建立了丰功伟绩。从第一个党支部，到烈士陵园，现存有丰富的革命遗迹、纪念物等。

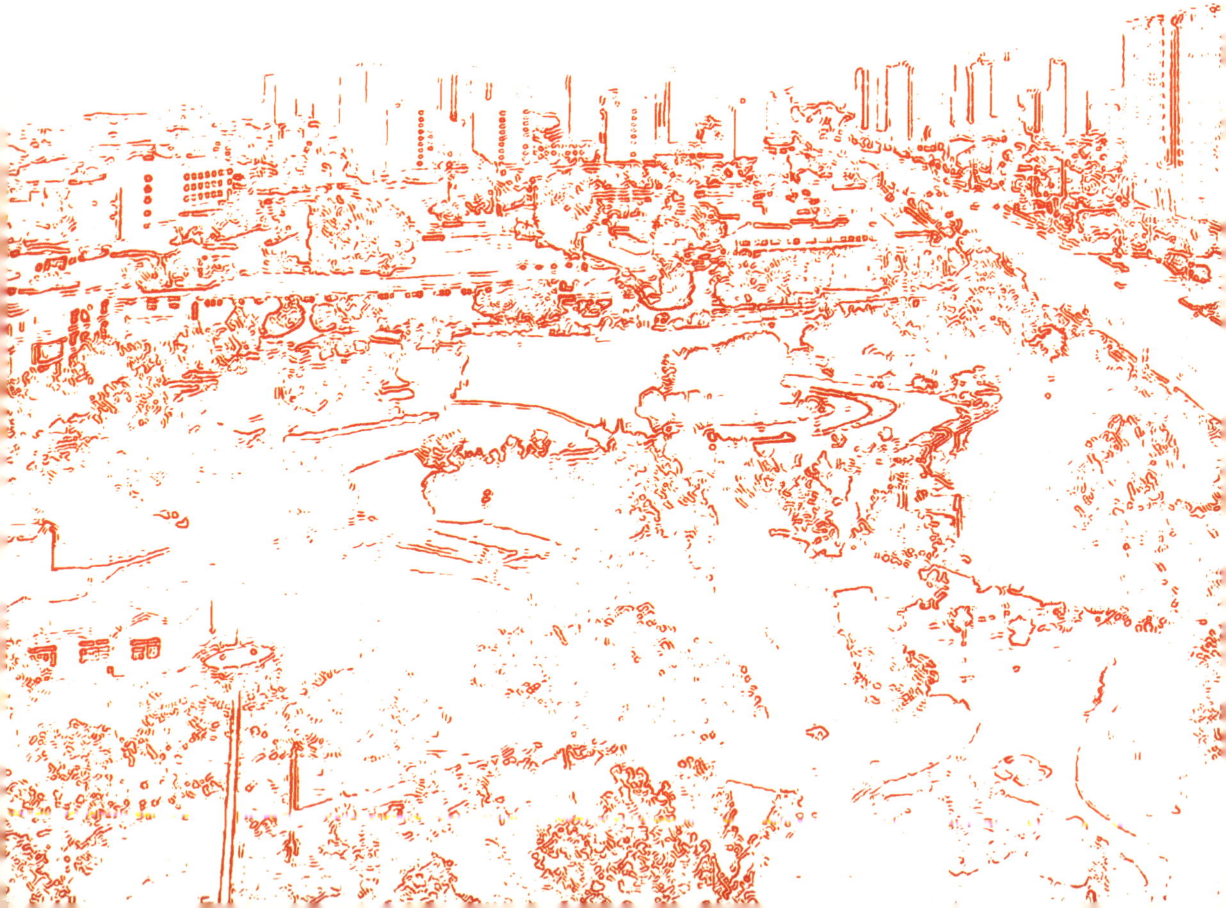

# 第四章

# 革命老区 别样红

# 红色星火燎原地

肥乡是建立中国共产党地方组织较早的县之一。1925年，肥乡人邢维周在保定省二师学习时，接受马克思主义。当年寒假他回到母校——肥乡高级小学，宣传俄国人民在共产党的领导下，取得十月革命胜利并建设社会主义国家的消息。1926年春、秋，省委巡视员王子清两次到肥乡宣传中国共产党的主张，传播马克思主义，为创建中国共产党的组织奠定了基础。1928年8月，冯温（1925年加入中国共产党）在乐群小学介绍阎修文加入中国共产党，阎修文成为肥乡县域内发展的第一个中国共产党党员，他相继又发展冯良入党。当月，成立了肥乡县第一个党支部——中国共产党肥乡县支部委员会，冯温任支部书记。10月建立中共肥乡县委员会，冯温任县委书记，属中共顺直省委管辖，这是肥乡县第一届县委。中共肥乡县委的成立，在肥乡历史上具有划时代的意义，是肥乡开天辟地的大事，给灾难深重的肥乡人民带来了光明和希望。

◀冯温，1925年在邢台直隶省立第四师范读书期间加入中国共产党。1928年10月，任中共肥乡县委书记。

↑ 肥乡第一个党支部书记冯温

↑ 肥乡第一个党支部旧址

# 中心县委开纪元

1931年2月，中共直南特别委员会派王子清到肥乡，在西门外朝阳苗圃召开会议。柳林溪、冯良参加了会议。王子清宣布：特委决定成立中共肥乡中心县委，领导肥乡、永年、广平、曲周等四县党的工作。柳林溪（柳汁青）任中共肥乡中心县委书记，同时兼任肥乡县委书记。永年韩荫亭，曲周刘洪宾、赵海枫等任中心县委委员。冯良调特委工作。中心县委建立后，加强了党的自身建设，发展了党的外围组织。据1932年9月12日《巡视直南工作报告大纲》载，肥乡中心县委所辖的肥乡有党员180人，永年有20人，曲周有3人。

↑ 第一任肥乡中心县委书记柳林溪（右）

↑ 赵海枫，1931年2月任肥乡中心县委委员

1934年5月，柳林溪调出，组织指定张好礼为中心县委召集人。不久，曹海波接任中心县委书记兼肥乡县委书记。1935年夏，中心县委设组织部、宣传部、发行部等，并设有专职巡视员。1937年6月，吴毅民任中心县委书记，

↑ 第二任中心县委书记曹海波

兼肥乡县委书记。日军侵占肥乡后，中心县委自行解散。

1938年7月，中共冀鲁豫边区省委第三特别委员会在肥乡成立，下辖肥乡、永年、邯郸、成安、广平、鸡泽、曲周、临漳、大名等县，为恢复建立各县党组织，建立健全各级抗日政府，团结一切抗日力量，进行抗日斗争起到了重要作用。

1938年8月，冀南第三专员公署在肥乡成立，下辖肥乡、曲周、永年、邯郸、磁县、大名、广平、成安、鸡泽、临漳等县。至此，邯郸东部人民的抗日斗争有了统一的政权领导。

↑ 田寨惨案纪念碑

## 冀南抗日模范县

1937年7月7日，日本军国主义悍然发动了全面侵华战争。10月18日，日军侵占肥乡城，开始了对肥乡人民的血腥统治。日寇在肥乡进行了无数次扫荡、屠杀，制造了一桩桩骇人听闻的惨案。八年间，日本侵略者杀害无辜群众7000多名，烧毁房屋，抢掠牲口、物品等不计其数。

面对不可一世的日本侵略者，肥乡人民奋起反抗。在中国共产党的领导下，军民团结，众志成城，建立了肥乡县抗日民主政府和各村抗日政权。肥乡第一支抗日武装力量——肥乡县抗日武装自卫队，在肥乡东高村打响了全县农民抗日的第一枪，谱写了一曲曲可歌可泣的英雄赞歌。涌现出不为高官厚禄所动心，不为美女诱惑所动摇，大义凛然、慷慨就义的李光耀；面对强敌围攻而不惧，身负重伤而不退，饮弹报国、血染他乡的王东初；为掩护群众撤退而英勇牺牲的抗日县长马功岑；侠骨义胆女英烈步超；用生命保护抗日公粮的烈士路达等。还有在敌人刺刀下，冒着生命危险勇救抗日将士、革命干部，深入敌穴劝降敌人和积极支援抗战的平民英雄，贤达乡绅更是数不胜数。

↑ 常庄惨案纪念碑

抗战中，在肥乡发生的大大小小战斗上千次，歼灭了日寇的有生力量。471名抗战将士献出了自己宝贵的生命，肥乡人民为抗战胜利作出了巨大的牺牲，被誉为“冀南抗日模范县”。

## 组织干部南下北上

解放战争后期和中华人民共和国成立初期，为适应解放南方

↑ 组织干部南下

和建立人民政权的需要，中共中央决定从北方解放区抽调大批干部随军南下，直接进入地方党委、政府工作，对广大新区进行接管。

1949年2月，中共肥乡县委根据中央的指示精神，在全县选派了69名（其中，女干部11名）政治立场坚定，有丰富工作经验，年富力强的干部组成南下工作队，离开家乡，赴南方执行新的革命任务。这批干部主要分配到湖南新化、邵阳、汉寿、益阳等县，他们为巩固新生的人民政权，恢复发展经济作出了重要贡献，为国家建设贡献了自己的力量。

中华人民共和国成立前后，组织上还从肥乡革命老区选调了十余名优秀的县区干部到延安、西柏坡、北京任职。其中有曹海波、柳林溪、路直卿、苗锦众等。他们都为新中国的革命和建设作出了贡献。

## 中心县委历史纪念馆

中共肥乡中心县委历史纪念馆筹建于2017年10月。2018年3月23日正式对外开放。

纪念馆利用肥乡镇北西落堡村“两委”办公室改造而成，占

↑ 肥乡老促会成员参观中心县委历史纪念馆

地面积约2000平方米，分岁月峥嵘、血火抗争，正道沧桑、艰辛探索，改革开放、帆扬新程，砥砺前进、复兴潮涌等四个部分。展出革命历史图片近二百幅，收藏革命文物十余件，生动展现了肥乡人民在党的领导下，前赴后继、艰苦探索、开拓创新的奋斗史；热情讴歌了伟大的中国共产党，朴实的肥乡人民更加坚定了在党的领导下，高举中国特色社会主义伟大旗帜，坚持改革开放，努力建设生态肥乡、美丽肥乡、富裕肥乡的信心和决心。

↓ 中共肥乡中心县委历史纪念馆

## 肥乡烈士陵园

肥乡是革命老区，早在1928年就建立了党的基层组织，在抗日战争时期，冀南三分区、三专署和三地委机关曾设在肥乡境内，并长期在这一带开展革命活动。全区在抗日战争、解放战争以及社会主义建设时期，牺牲的烈士共有900余名，其中抗日战争时期471人，解放战争时期382人，中华人民共和国成立以后50余人。抗日战争胜利后，中共冀南区党委为纪念抗日战争中光荣牺牲的革命烈士，决定在肥乡修建抗日烈士陵园，定名为“冀南烈士陵园”。

1956年清明节前夕，肥乡县人民政府决定把抗日战争时期牺

↓ 肥乡烈士陵园大门

↑ 朱德题联的烈士纪念堂

牲在肥乡境内散葬的烈士遗骨迁葬到烈士陵园。这部分烈士大部分是外地籍，共153名。迁葬工作从1956年开始到1957年全部完成，并修建了烈士墓群和单体烈士墓碑。

陵园初建时修了一座烈士纪念碑，两个纪念亭。中央及各级领导董必武、刘伯承、邓小平、陈再道、刘志坚、戎吾胜、孟夫堂、胥光义、王任重等同志和中共冀南区党委会为纪念碑题词。

1964年，在陵园内又修建了革命烈士纪念堂。2013年对烈士墓区进行了改建扩建，又迁入部分散葬在原籍贯地的烈士墓，并修建

↓ 烈士陵园烈士墓群

↑ 抗日烈士纪念碑

了烈士纪念墙。2015年新建了一座纪念亭。

在革命传统教育展览馆内，展示了肥乡党组织成立和发展壮大的艰难历程、党组织领导人民群众开展革命活动和先烈的英雄事迹。烈士纪念堂陈列着每一位烈士的牌位，历史将永远铭记他们不朽的英名。烈士墓区从1956年开始将散葬烈士墓陆续迁入，立有172座墓碑，其中有姓名的烈士37名，有姓无名烈士5名，无名姓烈士130名。

经过初建、续建和不断修缮，肥乡烈士陵园现已发展成为包括抗日烈士纪念碑、纪念墙、纪念亭、纪念堂、革命传统教育展览馆和烈士墓区等规模较大的革命烈士陵园，1996年被邯郸市人民政府确定为“重点文物保护单位”；2006年被河北省人民政府确定为“河北省重点烈士纪念建筑物保护单位”，是邯郸市肥乡区爱国主义教育基地。

## 八路军三打肥乡城

1945年8月15日，日本宣布无条件投降。肥乡县模范民兵基干团奉命与军分区独立营等武装合编为独立三团，各区分队和部分模范班编成肥乡独立营。驻县城日军撤走后，伪军全部龟缩在县城。

三军分区司令员高厚良率领独立团和独立营迅速将县城团团包围。

9月19日，八路军三十一团、独立三团分别从南门和西门实施坑道爆破，并发起攻击，展开白刃战，击毙伪军中队长赵长林，毙伤伪军100余人。

9月28日，邯郸战役打响，攻城部队奉命参加解放邯郸战斗。

10月4日，邯郸解放，二十二团等攻城部队主力又回到肥乡，参加围攻肥乡城战斗。10月31日，二纵五旅十三团、四旅十一团再次回师攻打肥乡城。其间，我攻城部队加大了政治攻势，在四门外向伪军喊话，劝其投降，并派开明人士进城敦促伪县长方振铎、伪大队长程廷臣等放下武器投降，但他们死心塌地与人民为敌，拒不投降。

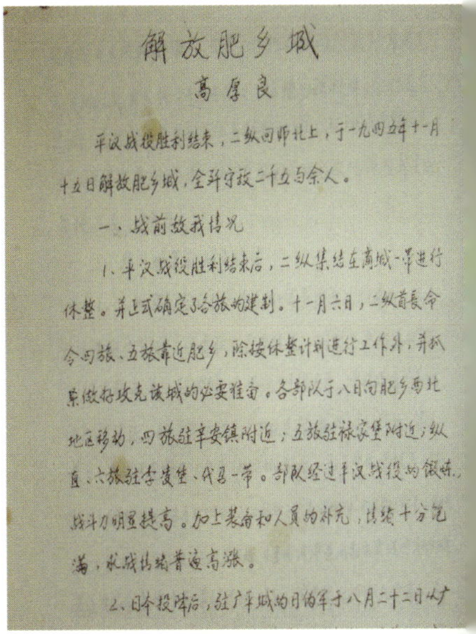
解放肥乡城
高厚良
平汉战役胜利结束，二纵回师北上，于一九四五年十一月十五日解放肥乡城，全歼守敌二千五百余人。
一、战前敌我情况
1、平汉战役胜利结束后，二纵集结在高城一带进行休整。并正式确定了各旅的建制。十一月六日，二纵首长命令四旅、五旅靠近肥乡，除按休整计划进行工作外，并抓紧做好攻克该城的必要准备。各部队于八日向肥乡西北地区移动，四旅驻辛安镇附近；五旅驻禄家堡附近；纵直、六旅驻李茂堡、代召一带。部队经过平汉战役的锻炼，战斗力明显提高。加上装备和人员的补充，情绪十分饱满，求战情绪普遍高涨。
2、日本投降后，驻广平城的日伪军于八月二十二日从广

↑ 高厚良少将回忆解放肥乡城

11月15日上午10点，攻城部队发起总攻。经过激烈战斗，肥乡县城解放。这次战斗，共毙伤、俘虏伪县长方振铎、伪军头子程廷臣及其部下2500多人，缴获大批武器弹药和其他军用物资。

## 英烈人物略记

在近代革命发展史中，肥乡涌现出很多革命志士。他们投身于

革命的实践中，特别是抗日战争时期，为了抗击日本侵略者，保家卫国，不怕牺牲，屡立战功，贡献出他们的力量乃至生命。

## 杀敌英雄胡占山

胡占山，是肥乡早期为数不多的共产党员之一。他于1931年加入中国共产党，动员民众，宣传抗日。后来，他在永年参加八路军，成为三八六旅七七四团的一名战士。

胡占山作战勇敢，点子多，连长多次让他独立执行任务。他侦察到的情报往往很准确、及时。1938年春，部队在邱县香城固一带活动。当得知有日本三辆满载弹药的卡车途经香城固时，他们便设计打埋伏。连长根据胡占山的建议，选择有利地形，首攻跑在最前面的卡车。当第一辆卡车被击中后，横在路中央，后边两辆车便无法逃脱。战士们抓住时机，猛冲猛打，押车敌兵只得缴械投降。

几次战斗后，领导见他机智果敢，便推荐他到成安县大队当排长。地方武装很重要，主要任务是铲除汉奸和智斗敌顽。伪警郭万玉横行乡里，欺男霸女，上级命令胡占山将其铲除。他带领两名战士，很快摸清郭万玉的行踪。于是，他们瞅准机会，趁敌不备，当场将其活捉。

胡占山于1948年退伍回家，1983年病逝。

## 宁死不屈李光耀

李光耀（1910—1940），肥乡县东营村人，曾化名李景华、白少南，出生于贫苦农家。1935年加入中国共产党，为东营村党支部第一任支部书记。

1938年冬，组织派他到太行山学习，回来后任中共肥乡县委委员，第二区区委书记。由于李光耀抗日工作成绩卓著，他的到来使肥乡、广平两县的敌人十分惊慌，于是张贴告示，悬赏数千元捉拿他。一天，在张庄村，他和群众一起被日伪军赶到广场上，敌人施出当场认亲的诡计，企图以此捉拿李光耀。这时一位姓韩的老大爷把李光耀认作自己的儿子，冒死从敌人刺刀下把他救了出来。

↑ 李光耀烈士纪念碑

1940年9月16日，李光耀在席寨村谷场上帮助群众剥玉米。由于叛徒阎奎的告密，他被广平县日伪军逮捕。敌人大摆宴席为他“压惊洗尘”，他愤然指责日军是侵略者，指责汉奸是历史的罪人！敌人又施美人计，用美女的花言巧语，妄图套出县委、区委领导人，他把那女人骂得狼狈而逃。敌人见软的不行，就对李光耀施以酷刑，他受尽了敌人的折磨，遍体鳞伤，血肉模糊，曾几次昏死过去，但敌人始终没能从他嘴里得到一点儿有价值的东西。

临刑前，他高呼“打倒日本帝国主义”“中国共产党万岁”的口号从容走到行刑的土坑边。此时，敌人仍不死心劝他投降，最后问他走生路还是走死路？李光耀毫不理睬，毅然跳进坑里。敌人埋一阵，问一阵，他不是呼口号就是大骂敌人，被敌人活埋在广平县城东门外，时年30岁。

## 抗日县长王东初

王东初（1913—1942），原名王宗增，字福先，肥乡县勒马台村人。1929年上高小时加入中国共产党。1938年6月，到县战委会工作。后出任枣强县抗日民主政府第一任县长，并很快完成了机构组建工作，使全县形成了团结抗日的氛围。

王东初在枣强任抗日民主政府县长期间，平息了白吉会叛乱，稳定了社会；清除了混在县大队的少数土匪，纯洁了革命队伍。

↑ 王东初烈士纪念碑

1939年4月，国民党在枣强县组建县政府，制造摩擦，企图挤垮抗日政府。王东初针对国民党政府的摊派制度，实行以公平负担为宗旨的累进制，得到广大群众的拥护。后来国民党又制造“撤换王东初”、“只有一个政府”的舆论，并派“特使”以高官厚禄引诱王东初。王东初坚持有理、有利、有节的斗争方式，挫败了国民党的阴谋。

后来，王东初调任平乡县抗日政府县长，他带领干部群众配合百团大战，粉碎了敌人的多次扫荡。

1942年12月15日，王东初在平乡县西李庄动员群众时与日伪军遭遇，为掩护群众转移壮烈牺牲，时年29岁。

1990年平乡县人民为纪念王东初烈士，将县城新建的一条路命名为“东初路”。

## 独胆英雄董占魁

董占魁（1912—1951），乳名小腊，肥乡县崔庄村人。出身贫苦。1939年参军，先在县抗日大队，后到五、二区分队。他作战勇敢，立场坚定，很快加入了中国共产党，并被任命为分队长。

董占魁疾恶如仇，身猛异常，经常独立执行锄奸任务，且能很好地完成任务。1943年在大由集上杀死了抢劫、勒索群众财物的两名伪军。1944年春，除掉了欺压群众、残害无辜、民愤极大的塔寺桥炮楼伪军小队长，群众称他为独胆英雄。由于董占魁屡立战功，上级授予他“冀南杀敌英雄”的光荣称号。

解放战争中他升为连长，在对敌作战中，先后七次负伤。董占魁于1947年3月因身体健康原因退役，1951年2月病逝，时年39岁。

## 舍身救友王荣贵

↑ 王荣贵烈士纪念碑

王荣贵（1920—1940），出身贫苦农民家庭，肥乡县旧店村人，后迁到县城东街。1933年考入县乡村简易师范，其间接受马克思主义教育，积极投身革命事业，并加入了中国共产党。为进行革命宣传，他把油印部设在自己家里，夜间印刷文件和宣传品。他还经常书写标语散发传单，出色地完成了组织交办的多项任务。

1937年10月18日，侵华日军占领了肥乡县城，大肆烧杀抢掠。王荣贵看在眼里，怒

↑ 王荣贵烈士

在心上，毅然连夜闯出县城，到城东四十里的清漳、小王庄（今属广平县）一带，串联同学、亲友和热血青年组建了肥乡县第一支抗日武装自卫队，自任队长，同日寇展开斗争。

1938年，他被派往鸡泽军校学习，由于成绩优秀，学习期满后被任命为邯郸县抗日民主政府县长，未到任又奉命回肥乡担任冀南三分区第六大队（肥乡县支队）大队长。在历次对敌战斗中，王荣贵机智勇敢，坚毅果断，歼敌不计其数，多次受到上级的表扬和嘉奖。

1940年春，王荣贵从冀鲁豫省委党校学习归来，继任肥乡县大队大队长职务。1940年4月，县大队与县抗日民主政府驻侯寅堡村，由于叛徒告密，日伪军以数倍的兵力包围了侯寅堡村，王荣贵指挥部队与日伪军展开激战，杀出一条血路，并将负重伤的杨绍震县长隐蔽在林寨村后的杏园里（后被营救）。不多时，王荣贵和战友又被敌人围困，于是，他们杀入敌群与日伪军展开肉搏战，最终因寡不敌众全部壮烈牺牲。牺牲时，王荣贵年仅20岁。

中华人民共和国成立后，王荣贵的遗骨安葬在邯郸晋冀鲁豫烈士陵园。

### 抗日村长刘日瑞

刘日瑞（1925—1945），肥乡县柳庄村人，共产党员，抗战时期任村长，共产党地下交通员。

在艰难的抗战岁月中，刘日瑞带领群众护送八路军干部，破坏敌人交通，割电线、打炮楼、挖战沟、藏公粮、送物资，向敌保喊话开展政治攻势等工作。同时，他还出色完成了保护冀南钞票、传递秘密文件和信件等任务。

一年冬天，他带领20多位民兵，挑着扁担，从柳庄向磁县沿线联络站运送军布。50多华里的路程，只能夜间隐蔽行动，不能走桥，过滏阳河时，忍受着彻骨的河水，用簸箕将军布送过去。就这样，几年来，他们共运送军布20余万斤，保证了部队过冬御寒需求。

刘日瑞和刘爱云结婚后，二人志同道合，共同担负起保存党的

↓ 刘日瑞《烈士证明书》

烈士证明书

刘日瑞 同志 在抗日战争中 牺牲，被评定为烈士。特发此证，以资褒扬。

中华人民共和国民政部
2014年 9月 12日

↑ 抗日村长刘日瑞像

↑ 路达烈士墓碑

秘密文件任务，他们视信件比自己的生命都重要。尽管如此，刘日瑞还是要求爱人（非共产党员）表态，对天盟誓：愿同丈夫一起保管文件，传递信件，决不泄露半点消息。假若丈夫被害，她也不屈服，不透露消息。就在他俩婚后八个月时，刘日瑞同柳清堂、柳连邦三人同时被捕。他们被从柳庄带到东赵寨炮楼，受尽折磨，宁死不屈。1945年农历四月被日军活埋，年仅20岁。

刘日瑞死后，妻子刘爱云遵守承诺，并且终身不改嫁。她无儿无女，独守终身，直至2017年11月去世，享年91岁。

## 路达舍身保公粮

路达（1905—1944），肥乡县孔仓堡村人。1941年加入中国共产党，同年任抗日村长，负责接受敌占区送来的抗日公粮，支援了根据地的抗日斗争，并多次受到上级表扬。

1944年5月25日，由于叛徒告密，县伪军警备队大队长程廷臣率队突然包围了孔仓堡，路达未来得及撤离就被敌人抓住。程廷臣利用威胁利诱等手段，逼迫其交出公粮。面对丧心病狂的敌人，他回答道："要命有一条，要公粮没有一斤一两！"气急败坏的敌人几次将他打昏，都没能使他屈服。最后，程廷臣向路达腹部连刺两刀而去。敌人走后，人们把他从血泊中救出，在养伤期间，路达及时向领导汇报了情况，所藏粮食得以安全运走。

6月24日，敌人又包围了孔仓堡村，路达再次被抓捕。日伪军让叛徒（原四区财粮干事）史秀华劝降。路达怒斥叛徒，仍然坚定地说："要命有一条，要公粮没有一斤一两！"凶残的敌人得不到粮食，对路达进行残酷的折磨、毒打。路达意识到这次敌人是不会放过他的，他摇晃着身体站起来高呼："打倒日本帝国主义！""打倒汉奸卖国贼！"随着一声枪响，他倒在血泊中，年仅39岁。

↓ 路达《革命烈士证明书》

中国民间文化遗产抢救工程
THE PROJECT TO CHINESE FOLK CULTURAL HERITAGES

肥乡处于赵文化的中心地带，不仅是汉文化聚居地，还有许多少数民族的加入，特别是在经历了胡服骑射改革之后，在此后的历史时期中，民族间文化不断融合，使这里的风俗成为具有中原特色的冀南地域风情画卷。

↓ 邯郸丛台酒业股份有限公司鸟瞰

# 第五章
# 古赵风俗有传承

# 传统节日与乡俗

肥乡的传统节日与乡俗是当地文化的组成部分，形式多样、内容丰富。它的形成是历史文化长期积淀凝聚的过程。这些节日与乡俗涵盖了原始信仰、祭祀文化等人文与自然文化内容，有着深邃丰厚的文化内涵。

## 传统春节时尚过

春节是中华民族古老的传统节日，也是传统节日中最隆重的节日。肥乡过春节有很多习俗，如挂吊画、贴春联、粘纸马、贴年画、祭祖、守岁、起五更、拜年，还有“破五”等。

年三十晚上守岁，全家人一起吃年夜饭，欢聚酣饮。人们一边

↓ 迎新春晚会

畅谈当年的好年景，一边听着外边不断传来的鞭炮声，其乐融融。时下，大多是一家人围坐在一起看中央电视台直播的春节联欢晚会，共叙美好生活，共享天伦之乐。

↑ 除夕吃饺子

↑ 春节面食

大年初一凌晨四五点即起床，称为“起五更”。第一件事是上供祭神，即在每位神灵前、主幛（牌位）前点燃蜡烛、摆上供品，然后焚香、放鞭炮。第二件事是拜年。初一早晨拜年，先家族后邻里，人们成群结队、走街串户，给长辈拜年。正月初二，出嫁的女儿和女婿回娘家给父母（岳父母）拜年。之后，走亲戚串朋友互相拜年问候。

拜年的另一种形式是赠送贺年片，也叫拜年帖，赠送亲朋，祝贺新年快乐。时下，又兴起电话、短信、微信等形式拜年。随着移风易俗的开展，旧的习俗正被新的、文雅的方式所替代。

按照旧俗，正月初一至初四这几天不得动剪子、不得动针线、不破土；商家不营业等。到了初五这天，这些禁忌就都结束了。习惯称“破五”。这天，人们都早早地将过年后几天的灶灰、煤渣背出去，同时背回些新土，名曰“穷灰换富土”，以示新年富有。同时，在粪堆前放鞭炮，叫“崩粪堆”，以图开春干活大吉大利。商

↑ 元宵节灯笼市场

↑ 正月十五点灯笼

↑ 元宵节粘灯

家也在门前放鞭炮，开门纳吉，正式营业。从此，大年过去，人们恢复正常生活。

## 元宵佳节习俗多

元宵节是最富有诗意的传统节日之一。肥乡的元宵节是指从正月十四至十六，三天时间，也叫“过十五”“过小年”。元宵节的主要习俗是吃饺子（元宵）、挂灯笼、耍狮子、舞龙灯、放烟火、烤百病等。

过去，正月十六早晨，家家户户都在街口、巷口堆起柴草，有的把旧扫帚、笤帚与柴草放在一起点燃（有除旧迎新之意）。大家围着火堆烤火，叫烤百病儿。据说这天早晨烤火能消灾祛病。人们一边烤火，一边用手搓脸、拍腿、按腰，嘴里念叨着：“烤烤腿不腿疼，烤烤腰不腰疼……”人们不仅在自家门口烤，还串着火堆烤，说是烤的火越多，病就好得越快。有的小孩还把点过的粘灯（用蒸熟的黏性黍子面制成）放到火堆里烧着吃，说吃了眼明。不能出门的小孩、老人，家人就拿着他们的衣服烤烤回去穿，期望也能祛病消灾。

正月十五、十六晚上，农村在家门口点蜡烛，城里还有点路灯的习俗。各家从自家门口到街口，摆上一盏盏点燃的蜡烛，一排排地闪烁着红光，形成一道独特的风景线，寓意在新的一年里日子过得红红火火，福运畅通。

↑ 正月十六烤百病

↑ 二月二摊煎饼

## 二月二，讲究多

二月二，是指农历二月初二，传说这天是龙抬头的日子。在这一天有很多讲究和禁忌。一是这天农民不犁地，犁地怕犁了龙头。二是不吃面条，面条有龙须面之说，以为吃面条是对龙的大不敬，还有吃面条会招来长虫（蛇）的说法。但“三里地不同俗”，在肥乡有些地方，二月二专吃面条，称挑龙头，有兴旺发达之意。

在肥乡，二月二这天家家户户都要摊煎饼，人们称煎蝎子钩。因为在这一天后，冬眠的蝎子开始活动，蝎子钩含有毒素，经常危害人，人们为避免蝎子伤人，就摊煎饼，意在用油煎掉蝎子钩，使它不能伤人。在当地至今还流传着“二月二刮大风，拾干柴摊煎饼……”的民谣。

二月二还有一种民俗，就是这天人们纷纷到理发铺剃头理发，特别是小孩，早早地被大人带着去理发铺排队理发。据说龙乃吉祥之物，二月二龙抬头，这天剃头理发可以使孩子像龙一样腾飞，迅速成长，变得聪明伶俐，前途无量。

## 端午诗意俏城乡

端午节，肥乡俗称“五月单五”。端午节的主要习俗是吃粽子、插艾条、戴香囊等，活动异彩纷呈，极富诗意。

端午节早晨，人们习惯吃糖糕。多数炸糖糕点都排着长队。出嫁的闺女节前或节后还要回娘家给父母送糖糕，送粽子。

端午吃粽子由来已久。这天，家家户户吃粽子。不少人家早早地就到集市上买回包粽子的苇叶、扎绳及糯米、红枣等原料。有的还互相帮忙包粽子，有说有笑，其乐融融。南谢堡粽子节也很红

↓ 端午文化节比赛包粽子

火，各级新闻媒体争相报道，中央电视台还派摄制组进行专题报道，更为节日增添了乐趣。

端午插艾条，传说始于“燕王扫北”。每到这天早晨，家家户户门上都插艾条，在神位前供艾条。这天，大人要给孩子们缝制香囊，让孩子戴在胸前或手腕上。香囊是用彩色花布块包上艾叶缝制而成，有方形、圆形，还有小动物、瓜果状的。据说，插艾条、戴香囊有避瘟解毒之效，有辟邪祛病之说。

## 六月送羊寓意深

↑ 果蔬面羊

六月送羊，是肥乡乃至冀南一带的古老习俗。这里的“羊”，指面食羊，而非活羊，用面粉做成“羊”的形状蒸熟，由姥爷、舅舅送给外甥（女）。现在，送羊也与时俱进，除传统的面羊外，还有面包羊、蛋糕羊等。

送羊的习俗源于神话故事“沉香劈山救母”。开始送活羊，后来逐渐演变成送面食羊。现在送羊已没有原来杨二郎给其外甥沉香送羊的道歉，甚至请罪之意，主要是表达姥爷、舅舅对外甥（女）的爱抚和亲近，因羊、阳谐音，送羊就是送阳寿，意在希望孩子们健康成长。另外，因有“羊羔跪乳”之说，送羊又有教育外甥（女）知恩报恩、孝敬父母之意。

送羊的时间从农历六月初一开始，一般集中在初五以前。初二、初三最多，有“要得欢，初二三”之说，意思是这几天送羊最

↑ 面包羊、蛋糕羊

好。如果女儿多，外甥（女）多，最迟也推不过初十。随着时代的发展，很多外甥（女）在外地，路途较远，就应运而生了快递送羊。

送羊有很多讲究，如外甥（女）不跟羊来，不跟羊走。就是送羊时，外甥（女）只能在自家等着，不能从姥姥家跟送羊人一起到自家。同时，当送羊人走时，也不能跟着到姥姥家。送羊年限一般到最小的外甥（女）年满12岁就不再送了。也有接住羊篮子不送的，即当外甥（女）结婚生子后，孩子的姥爷开始送羊了。还有“舅舅不老，羊篮不倒”的说法，就是只要舅舅还健在，不管外甥（女）多大，就一直送下去。另有一种说法，当外甥（女）年满12岁，送最后一次羊时，有的送一对活羊，但这羊要养着不能卖，更不能杀掉，只能等到羊自然老死为止。

### 阖家团圆度中秋

中秋节又称团圆节，这天外出办事和远离家乡的人有条件的都要回家和家人团聚，共度中秋。

中秋节的主要食品是月饼。节前，家家户户都要制作或购买月饼，不仅自家吃，还把月饼作为馈赠佳品赠送给亲朋好友，取敬祝一家团圆之意。中秋节不仅吃月饼，还蒸糖饼，用白面包上糖馅，制成扁圆形蒸熟。据说蒸糖饼源于唐朝的甜饼。

由于中秋节正值秋收的黄金季节，圆满的月亮又象征团圆，人们便赋予它吉祥、美好的含义，使之成为人们喜庆丰收和美满团圆的节日。每到中秋，大家就耍狮子、舞龙灯、跑旱船、赛花车、玩社火，以庆丰收、祝团圆。

中秋节主要活动是祭月、赏月。当皓月升空时，家家户户在庭院中放置供桌，摆上月饼和苹果、梨、葡萄等水果进行祭月，祈求年年风调雨顺、五谷丰登。祭月之后，全家人围在一起开始观赏月色，人们一边吃着月饼一边赏月叙谈，有的还配以美酒佳肴，其乐融融。

## 祈求平安点老杆

每到正月底或二月初，肥乡有“祈求平安点老杆”的习俗。

点老杆又叫绑老杆，主要有三部分：一是老杆主体，大都选择高大的树干或竖立一根高杆，上面绑五至七个阶梯式的木格子，从底层开始，第一格绑鞭炮，第二格是一个纸糊的封闭的房子，再一格是鞭炮，依此类推，最顶层是一个纸糊的较大的阁楼，顶插五色彩旗，每个房子、阁楼和纸筒内都是纸糊的戏剧人物，如《白蛇传》《梁山伯与祝英台》《西游记》中的人物等，还有的是鸡、狗等家禽家畜；二是火马，即用木条制成一个马形架子，上面挂满鞭炮；三是火伞，伞盖两米左右，伞柄粗长，伞盖上挂满鞭炮，下沿吊四至六个罗圈形纸筒，筒内是戏剧人物。另外，从老杆的主体向外分散出若干条

↑ 西彭固点老杆

线绳，另一头固定在周围的树枝上，叫走线绳。

在老杆点燃前，主事先到老杆前上供、焚香箔纸锞，然后，点老杆开始。首先是点火马，火马由一个人身披被子驮着，点燃后，这人随着鞭炮声在空旷的地方来回跑，鞭炮响完为止；接着点火伞，火伞由一人举着，点燃后举伞人不断地转动火伞，燃着鞭炮带火星四处飞溅，煞是壮观，罗圈形圆筒底部脱落，露出里边的人物，活灵活现，最后人物和纸筒燃烧殆尽；最后是点老杆，这时走线绳派上了用场，在走线绳的一端绑着一根起火，有人将起火点燃，起火便顺着走线绳窜到老杆上，将老杆第一格鞭炮点燃，待第一格鞭炮燃完，第二格的纸房子门自然打开，露出里面的人物，有的还做出各种动作，待纸房子焚烧，第三格鞭炮响起，依此类推。到最顶端阁楼门打开，里面人物体形较大，故事较多，同时，四角吊筒底部脱落露出里边的人物，各种人物神采奕奕，光彩夺目。最后阁楼全部焚化，鞭炮响起，点老杆结束。

↑ 下轿面

## 谈婚论嫁礼数多

婚嫁习俗，旧时需六礼告成，六礼为：问名，就是相亲；文定，男女双方交换八字，根据八字推算男女双方婚姻是否合适；纳彩，男方相中女方后，男方给女方下定金；纳征，就是送彩礼，过礼书；请期，就是定结婚吉日；迎亲，即新郎到新娘家迎娶新娘，也叫娶媳妇。

姑娘出嫁时穿红袄，戴蒙头红（红盖头），笤帚扫轿，迎亲途中，鸣放鞭炮；路遇怪石、奇树、井台、坟头、铁器等要贴红色吉利帖；到男方家新娘踩红地毡、迈火盆、过马鞍、撒草料；天地桌上放斗秤，拜天地抱铜镜等。拜天地后坐帐吃“下轿面”，入洞房，新郎为新娘揭蒙头红，喝交杯酒等。新人三天回门不走“三、六、九”，如遇“三、六、九”则改为两天回门。

迎亲队伍要避开办丧事的，并且不走回头路。男方迎亲出西门，进东门；到女方家进西门，出东门。

## 丧葬习俗趋简化

丧葬习俗，古老而烦琐，主要有报丧、报庙、移灵、起灵、烧七纸等。随着社会移风易俗的开展，其仪式渐趋简化。

丧葬过程中，孝男孝女穿孝衣、戴孝帽和孝箍、糊白鞋，见人磕头。街门扇贴白纸，报庙送魂、入殓、出殡、埋葬等。灵前置望乡台，摆供品、放遗饭碗、点长明灯、焚香。在逝者未埋葬前，孝男孝女们每天早、晚到土地庙烧纸；逝者断气前往嘴里放口禁钱，断气后在门前烧纸车马；入殓封口时，孝男孝女给逝者净面、整容、盖脸纸。

↑ 拉棺

移灵　埋葬的前一天早上或下午，要把灵柩移到户外灵棚内，在屋内或院子放灵柩的地方

↑ 送魂

挖个坑埋上含有酵母的面团，并有人拿镢头跟着灵柩刨地，一直刨到街门外，还要用锯或刀把门头锯几下。

**下葬** 出殡时，重孝子执幡在灵前摔老盆，其他男子执丧葬棍或雪柳。埋葬时，孝男孝女转坟，孝男在外圈，倒转（逆时针）；孝女在内圈，顺转（顺时针）；转三圈后停止，由孝女开始烧回头纸。埋葬罢，孝子给乡亲们磕头拜谢，凡戴孝男子原路步行返回；到家门口摘掉孝帽、孝箍、孝布等，翻刀、咬忌馒头，方可进门。埋葬后第三天烧圆坟纸，给新坟添土。

**烧七纸** 从逝者死亡那天算起，每七天为一七。逢七日，孝子都要上坟烧纸。孝女则烧一、三、五、七七纸，不烧二、四、六七纸。一般烧到七七就不上坟了，称尽七，但也有的烧到十七的。不是重孝者，三七就可去孝，重孝则在五七或七七时去孝。如果逢七犯初七、十七、二十七或初八、十八、二十八，要糊一朵莲花，上坟时插到坟上或烧掉。

此外，还有很多禁忌和讲究。孝子在丧葬期间白天不能坐，只能站着或蹲着；一个月内不理发、不刮脸；孝男孝女在服孝期间不出席别人婚礼；丧葬期间，借用别人东西要给零钱。亲人亡故后第一个春节，正月初一不开门，不外出拜年；三年内不贴春联，如贴春联，也不得用红纸，而用蓝、绿纸。

# 传统庙会

## 西屯庄奶奶庙会

西屯庄泰山庙（即碧霞元君祠，俗称奶奶庙），始建于明成化末年，坐北朝南，沿中轴线自南向北依次是山门、地藏王菩萨殿（阁楼），楼前东西两侧分别是十殿阎君殿。穿过地藏王菩萨殿，后面是祠院的主体建筑元君殿。元君殿后是一座高大的楼阁，楼下是筋骨老母大殿，楼上是无生母大殿。楼前东西两侧分别为疮王殿和疙瘩殿。另有寮房多间。

整座祠院布局合理，建筑高大宏伟，雕梁画栋，五彩斗拱，蔚为壮观，是冀南一带较大的古建筑群，香火极盛。曾任明朝户部、

↓ 西屯庄泰山庙

兵部尚书的张学颜和其嫡孙，即明左都督、骠骑将军张懋忠分别撰《泰山行宫记》《重修碧霞元君庙碑序》，记载了明末庙会的盛况：“每岁春三月十八日，焚香进献，子妇熙熙，无远而届，所见阡陌，尘飞屈膝，驭车乘马，并肩叠行，若恐后焉。”

当地人传说，农历三月十八日碧霞元君祠落成，并举行了盛大开光庆典。每到这一天，方圆百里的人纷至沓来，众多香客、游人前来上香敬神，多时达数万人。随着庙会规模越来越大，大批商贾、艺人等纷至沓来，逐渐形成敬神、娱乐、物资交流等群众集会的场所。

### 元固崇喜寺庙会

元固村东有一座规模宏大的佛教寺院——崇喜寺，每年农历三

↓ 崇喜寺山门

月初八是崇喜寺庙会的日子。

↑ 崇喜寺建设纪念牌

崇喜寺始建于唐贞观十三年（639），由唐朝左武大将军吴国公尉迟敬德督修。寺院原占地八十亩，建有山门、天王殿、大雄宝殿、三佛殿、禅房等建筑。庙貌庄严，殿宇高耸，信众云集，梵呗声远，居肥乡东南隅寺院之首，为佛门圣地。

三月初八庙会，据说源于明朝嘉靖年间。传说，河头堡村一老农在春犁时发现一尊铁佛像，于是将其供奉于崇喜寺大雄宝殿，并于三月初八举行了开光庆典。人们为了纪念这一日子，每年三月初

↓ 崇喜寺之大雄宝殿

八都要举行盛大法会，善众云集，钟磬轰鸣。后来逐渐吸引众多商贾游人前往，形成了规模宏大的庙会。庙会前几天，商贾艺人就会聚庙前，热闹非凡。

## 南关农公庙会

在肥乡南关村文化广场北侧有一座庙宇，建筑古朴典雅，庄严肃穆，这就是全国唯一的一座由皇帝敕命，为纪念一位农民而建造的农公庙。每年农历二月十七日是农公庙庙会的日子。

传说，这座庙是因农公救刘秀而得名。西汉末年，刘秀在一次与邯郸的王郎作战时误中埋伏，落荒而逃。当刘秀跑到列治县（即列人县，今肥乡）境内时，前遇漳水，后有追兵，形势十分危急。这时在田间耕作的一位老农发现了穷途末路的刘秀，便急忙与刘秀

↓ 南关农公庙

互换了衣服。结果，老农被杀，刘秀得救，这天正是二月十七日。

公元25年，刘秀在河北称帝，后定都洛阳。待局势稳定后，刘秀没有忘记列人（这时列治县已恢复列人县）那位舍命救了自己的老农。为报其救命之恩，刘秀派人在自己脱险的地方修建了一座庙宇，供奉老农牌位。因不知老农的姓名，就将庙宇称作农公庙，并命地方官员每年二月十七日这一天，县令要在庙前举行盛大祭祀活动，宣读祭文，扶犁开墒，祈求丰收。善男信女纷纷前往祭祀，商贾游人、艺人摊贩也即兴前往。两千年沧桑，代代相传，形成规模盛大的庙会。

↑ 农公庙匾额

### 井堂寺晒经庙会

农历六月初六日，传说是唐僧西天取经回来路上晒经的日子。梁庄井堂寺、东刘家寨华严寺等多家寺院有庙会。这天，善男信女有组织地传递经书，诵经打禅。现在，东刘家寨、山子邱只有庙会，而无晒经传经的仪式了。唯有梁庄井堂寺至今还保留着晒经会上诵经、传递经书的仪式。

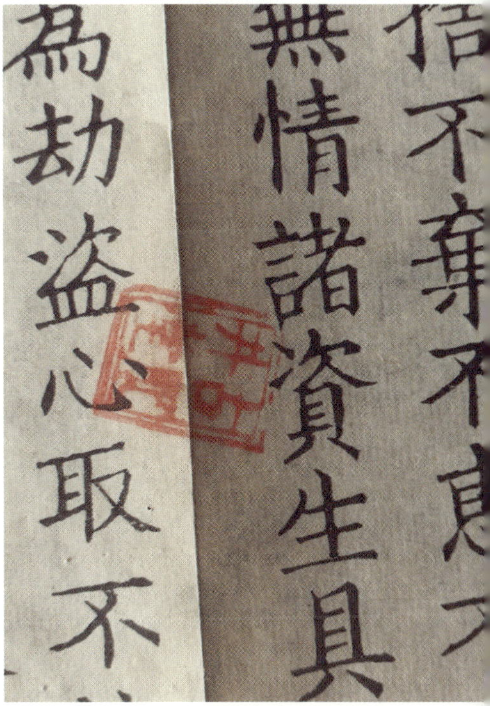

↑ 井堂寺印及经书片段

↑ 庙会实况

井堂寺是古时候广平府、顺德府、大名府第一寺院，冀南佛教圣地，香火极盛。寺内藏有大量佛教经卷。每年农历六月初六，寺院内的僧人都要把经卷搬出来晾晒，并举行法事活动。周边的善男信女和群众都纷纷前往帮忙，同时吸引了大量商贾摊贩和外地的香客游人，人们不仅晾晒经卷，举行法事活动，还进行跑竹马、打扇鼓等娱乐活动，逐渐形成集晒经、传经、祭神、娱神、物资交流等为一体的传统庙会。庙会因晒经而起，所以称“六月六晒经大会”。

↓ 东刘家寨华严寺大殿

# 祭祀

## 清明祭祀

清明节主要习俗是扫墓、添土、祭祖。清明上坟强调“早”。在清明到来的前几天，甚至十几天，人们就陆陆续续开始上坟烧纸了。一般清明当天不再上坟，即使有个别这天烧纸的，也要在太阳出来之前上坟，太阳出来之后就绝对不再上坟烧纸了。至于为什么清明扫墓上坟要早，据说是因为地府的阎王爷每年都要让鬼魂们出来放一次风，时间是十月初一至来年的清明这段时间，清明节这天就要把这些鬼魂收回地府。所以，人们都早早上坟烧纸钱，怕晚了

↓ 郭家堡李氏清明祭祖

先人收不到银钱，回去后受罪。

扫墓时，还要为坟墓添土，把坟墓筑得高大些。添土有讲究，太岁当年在哪方值班，添土时不得从哪方动土。据说太岁之神在地与天上岁星相应而行，动土掘土要躲开太岁的方位，否则就要遭受祸害。所谓“不要在太岁头上动土”，就是这个意思。

随着时代的发展，人们又赋予清明节新的内容，形成祭扫烈士陵墓，纪念模范英烈，寄托哀思，缅怀丰功伟绩的新风尚。每到清明节，机关、团体、学校等都组织干部、群众、教师、学生等到烈士陵园和烈士墓地、纪念场所举行扫墓祭奠活动。有的还在烈士墓前举行入队、入团、入党仪式，进行爱国主义教育。政府举行大型公祭活动，使人们不忘过去，缅怀先烈，继承烈士遗志，努力建设美好家园。

## 十月初一祭祖

十月初一祭祖主要是墓祭，并且都在当天下午进行。在焚烧纸钱的同时，还要焚烧些纸质衣服、鞋袜等。民间的说法，这是为逝去的亲人送去冬天的御寒衣物，以尽孝心。

↑ 大年三十上坟祭祖仪式

## 大年三十请家亲

肥乡有年三十下午上坟祭祖的习俗。多以个户为主，有的则是全体族人集体上坟祭祖，成群结队，一路上鞭炮声不断。在祖坟前举行祭奠仪式，有的还宣读祭文。这时的上坟主要是为了请逝去亲人的灵魂回家过年。上坟回家后，有主幛的要挂上主幛，没有主幛的要用黄纸写个牌位放在正堂桌上，然后，从正月初一开始，每顿饭前都要向家亲上供，直到正月十六过完年送走为止。

## 李氏祭祖仪式

↑ 郭家堡李氏清明上坟祭祖

肥乡郭家堡至今保存有自始祖李元明初从山西黎城县迁居肥乡后的老主幛、始祖李元墓碑、清乾隆十九年（1754）重修宗祠时的古碑。李氏宗祠几经修建，现已具有一定规模。每年，郭家堡李氏九门轮流值勤，认真管理宗祠，不断完善传承了几百年的春节祭祖和清明祭祖仪式。

2015年，李氏家族祭祖仪式被列入县（区）级非物质文化遗产保护名录。

↓ 李氏清明祭祖仪式

肥乡在文化传承中，保存下来许多文化遗产和民间技艺，截至2018年年底，现有国家级非物质文化遗产项目3项、省级4项、市级13项、县（区）级25项。除此还有许多民间手艺、物产和特色小吃，这些传承下来的文化形成了鲜明的地方特色。

↓ 肥义公园

# 第六章 非遗技艺与物产

# 传统技艺

劳动人民为适应生活需要和审美要求，就地取材，以手工生产为主的一些工艺产品应运而生。这些工艺属传统技艺，且品种繁多。它结合肥乡的历史和风俗习尚、地理环境而形成了地域技艺风格，展示了肥乡地域文化的风采。

## 传统棉纺织技艺

传统棉纺织，肥乡称土布纺织。现在主要是将土布由“穿、戴、用”的生活品，转变成“看、藏、升”的工艺品，不仅继承了实用、耐用的胡椒花、斜纹、鱼眼、许状元拜塔、洋鬼子钻山、四把椅子转方桌、水波纹等传统品牌，还开发了灯笼、蝴蝶、隶书、楷书、行书、草书等品种，诸如大大的“福”、红红的“囍”、逼真的“花”、游走的“鱼”等花色图案，是真正的用、赏两栖商品。

↑ 传统棉纺织技艺

土布开发不仅有经济价值，更展示了其文化价值。北京举办奥运会时，肥乡张庄人把吉祥物“福娃”织在土布上，同时还织了“百米长龙”向奥组委献礼；广州亚运会时，又织出“五羊”会徽；等等。

目前土布花色品种达百余种，产品由原来的床上用品发展到生产纯棉空调被、四件套、三件套、床罩、睡衣、衬衣、汽车专用靠枕、壁画、装饰品、工艺品等二十多个品种，年加工产品近两万套，产品销往北京、上海、广州、山东、山西等地，并远销日本、英国、美国等。

2009年6月，肥乡传统棉纺织技艺被列入国家级非物质文化遗产保护名录。

↑ 纺花

### 王庄土陶

王庄土陶烧制，可追溯到明初移民时期，至今已有五百多年历史。不过最鼎盛的时期是1949年前后，那时，这个仅有三百余口人的小村竟有三十余座土陶窑厂，几乎家家有窑工，户户卖陶盆。产品覆盖周边县乡方圆百里，影响极大，是集体经济和个人收入的主要来源。当时的主要产品包括瓦盆、脸盆、便盆、花盆、瓦缸、瓦罐、烤笼、坐墩、鸡舍、鸽子窝、香炉等，几乎涵盖了生活的方方面面。

↑ 土陶传承艺人在制作中

↑ 土陶制品

土陶工序繁多，从泥土到成品出窑，要经过选土、过滤、淋泥、沉淀、分块、盘泥、拽剂、旋制、阴干、美化、装窑、点火烧制等，每道工序都有一定的技术要求。

不过因土陶制品与陶瓷、现代化的不锈钢、塑料、烤漆产品相比较，其观赏性、实用性、耐用性都相形见绌，严重影响了它的竞争力，致使市场逐渐萎缩。但它铭记着一段历史，彰显着一种文化，体现了一种价值。因而，土陶仍像一位饱经沧桑的老人一样，执着地前行着，期待着柳暗花明。土陶传人王玉坤，多年来一直执着地坚持着，他舍不得从他手里丢掉老祖宗留下来的传家技艺，渴望着把它传承下去。

2009年6月，土陶烧制技术被邯郸市政府批准为市级非物质文化遗产。

## 赵云堡风箱

风箱，旧时人们生活中普遍使用的鼓风设施。赵云堡的风箱制作始于何时，已无从查考。从现存的商标、印章可追溯到19世纪中后期的清道光、咸丰年间。当年，在肥乡广为流传着“赵云堡风箱龙堂堡耧，勒马台的木锨头。老不欺，少不求，谁家没有谁发愁”的说法。足见赵云堡风箱在人们心目中的地位和知名度。

↑ 风箱

赵云堡风箱就是靠“质地精良，做工精细，推拉轻便，经久耐用，不开裂，不变形”而广受欢迎。特别是20世纪50年代到70

↑ 赵云堡风箱

年代，一直供不应求。从而催生了一批又一批风箱艺人。鼎盛时期，村里有80%的农户参与风箱的产、供、销。“老翁拉大锯，顽童夜秉灯。老少齐上阵，叮当入三更。”这就是当时的真实写照。

赵云堡的风箱，可根据用户需要，生产各类规格和各式形状，有大有小，有方有圆，有家用有工业用。1958年大炼钢铁时，还受省政府委派到湖南现场制作工业用大风箱，受到好评。

20世纪80年代，随着国民经济的逐渐复苏，人民生产生活的日益稳定，风箱制作达到了鼎盛时期。这一时期，由于市场竞争力的加剧，制作工艺的要求也越来越高。选材、配料、拼接、黏合、抛光、鼓风、音响等工艺，都达到了炉火纯青、空前绝后的水平。

赵云堡的风箱，不仅畅销肥乡、广平、成安、永年、邯郸、曲周等县，还远销魏县、大名、鸡泽、临漳、馆陶、广宗等地，几乎覆盖了冀南大地。

## 龙堂堡耧

耧，是传统农业的播种农具，通常木制。它可以同时完成开沟、下种和覆土作业。播种耧的生产使用可追溯到两千四百多年前的战国时代。龙堂堡生产播种耧，历史悠久，影响深远。

木耧的品种很多，总体上有柴耧和耩花（棉花）耧之分。柴

↑ 龙堂堡艺人展示独腿耧

耧又分独腿、两条腿、三条腿和五条腿多种，一般二、三条腿居多。后来，随着技术的不断改进，又研制出活动耧腿，可根据需要调整行距，做到一耧多用。

木耧的材质选配比较特殊。各个部件的用料各不相同，各有各的讲究，不能混用。耧腿选用国槐，木质坚硬且有韧性。“黄瓜腿”是漏籽部件，两头尖尖腹中空，形似黄瓜，故名。它选用椿木，木质较硬，不易开裂。耧台（即主骨架）宜用硬杂木；耧斗用一般木料即可；耧铃宜用响木，一方面时刻警醒播种人，注意下种的数量和质量，可随时调整，另一方

↓ 龙堂堡耧

面也增加了产品的艺术感和播种时的乐趣。

龙堂堡耧，独选魏县耧铧配套。因魏县耧铧大小匹配，质地精良，经久耐用。

木耧的制作工艺十分独特。整个耧体无一正榫正眼。成耧后，又要求正、顺、美三者完美的统一。因此，能得到社会的认可，足见龙堂堡打耧工匠的娴熟技艺和执着追求。

1958年，为响应国家支援西部建设的号召，龙堂堡还派出了技术团队，赴山西传授“打耧”技艺，促进了全国农业的“大干快上”。

## 勒马台木锨头

过去，勒马台村生产的木锨头非常有名。

做好木锨头，选材是最主要的。最适宜的材料就是枯死的大柳树。将其斩头去尾，放阴凉处自然干燥二至三年方可使用。解板后再用锯末加热进行二次干燥，才能定型制作。这样做成的木锹头，不崩、不裂、有坡度、带籽多，扬场时空中一条线，落地时如天女散花，均匀分布。

勒马台木锨制作，材料考究，工艺讲究，重视信誉。因此，深受农户欢迎，方圆百里都知道勒马台的木锨头顺手好用。

20世纪60年代初，邯郸地区供销合作社对勒马台的木锨头统购包销，更有力地促进了产品的生产和规模的扩大。为此，《邯郸日报》做了专题报道，勒马台的木锨头轰动冀南，成为肥乡工业产品走出去的重要象征。

## 田寨搭天桥

田寨村，逢狗年搭天桥，起源于清乾隆年间。这种“搭天桥，拜桥仙，祈福求平安”的做法来源于河南黄土坡。

搭天桥，每次都要动用二三十辆轱辘头车，二十多架梯子，其余木板、达板不计其数。所以，每逢搭天桥时，周边几十里村庄，都插着黄旗，早早地将轱辘头车送来了。在相隔60年后，2006年恢复搭建天桥。天桥总长60米，宽3米，主桥高6米，由引桥、拱桥、拱顶三部分组成。桥顶设“神棚”，为登桥拜神处。桥身上还装饰有几十个宫灯、彩灯、彩旗等。整个天桥共用铁杆1000余根，铁卡子3000余个，达板120立方米，篷布600多平方米，铁梯子近20个。

↑ 田寨天桥

每次搭天桥都从正月初五开始，正月初九剪彩登桥。与此同时，伴有锣鼓喧天、鞭炮齐鸣，军乐团、秧歌队倾情出演，跑竹马、舞大龙、踩高跷……人们欢乐雀跃，热闹非凡。登桥活动一直持续到正月十六结束。这期间还伴有周边各村送来的文艺节目，元宵节时举办灯展、出花等活动。每次都有20多万人登桥观礼，规模空前。

↑ 田寨天桥文化旅游节

2012年，田寨搭天桥被列入县级非物质文化遗产保护名录。

## 铁匠铺

↑ 肖学新与他的洪炉

铁匠是一门古老的职业，他们以铁为原料，凭着手中的一把小小的铁锤，就能打造出各式各样的生产工具和生活用品。几百年来，铁匠铺曾经遍布肥乡各个角落。尽管现在已趋衰落，但其影子透过老君庙、纸马、画像等不时显现出来。

肥乡铁匠铺较多的村有肖庄、粉房头、清凉寺、北街等，有不少村都创出了名牌，如肖庄锭子、粉房头犁铧、清凉寺镰头……

肥乡有几处老君庙，据说都与打铁有关。铁匠奉老君为鼻祖，从老君炼丹演变为打铁生洪炉。有些铁匠铺分散的地方，家家供奉老君纸马，每逢过年节，或开始生炉时都要秉烛上香，祈愿老君保佑，红火平安，昌盛吉祥。

现在全区只有几个村几个点还有铁匠的踪影，如肖庄、清凉寺等。其产品也由原来的农具改为现在的生活用具，如火剪、锄钩、斧头、木工用具、习武器具等。

过去，有的铁匠为招揽生意，还到集市上生洪炉，这样人们赶集上会也可到洪炉前，根据自己的想法找铁匠加工自己需要的铁制器具。那时，没有电气焊，人们带着损坏的农机具和日用器具到集市上修补。春天，农忙开始之前，铁匠们还在集市上搭擂台比试手艺，招揽生意，成为旧时集市的一大景观。

## 锔盆锔碗

20世纪80年代前，街里不断看到听到锔碗匠在吆喝：“锔盆锔碗锔水缸，锔盆锔锅不漏汤。”“家里坏了和面盆儿，修修打打不漏水儿。”“锔个小碗毛把钱，将将就就又几年。”那时经济落后，日子不富裕，损坏的物件器具舍不得丢掉，修修补补还能用，虽说看上去不甚美观，但经济实用，很时兴锔盆锔碗。

干这种营生的手艺人叫作“锔碗匠”。所谓“锔”，就是用锔子补接有裂缝的器物。可锔碗、盆、缸、盘，小到酒盅，大到水缸，瓷器、陶器均可。

“锔”的工艺很简单。锔匠手沿器物裂缝的两边规则对称地打上眼（眼的大小，依据器物、锔子的规格而定），然后在裂缝处涂上黏

↓ 锔盆碗

合剂（以增加修补效果兼防渗漏），置入合适的“锔子”，用锤子轻轻敲打，使锔子镶入修补的器物。精明的锔匠，经过精心设计，使锔过的器物看起来很好看，似乎像画了个花儿那样赏心悦目。

## 拴簸箕

簸箕、笸箩、笼头撇子……这些条编或草编器物，是过去人们日常生活中必不可少的用具。条编的主要材料是荆条、白蜡条、笸箩柳、竹条等。草编的材料主要有高粱秆、麦秸秆、高粱苗、黍子苗等。辅助材料有麻绳、牛皮筋绳、尼龙绳以及柳、杨、椿木片等。这些材料多半是土生土长，就地取材。也有部分材料还需从外地购来再加工，如笸箩柳、竹条、牛筋绳等。

↓ 杜清华在集市上拴簸箕、笼头

↑ 缚笤帚

20世纪六七十年代，市面上还能看到一些条、草编艺人。他们或推车或骑车，车上带着各种条料、辅材及小型制品，手拿响子，不用吆喝，走到哪里只要响子一响，需要拴簸箕、修笸箩的老奶奶、新媳妇就都拿出来让艺人修补，往往是一个村一个点，一修就是一天。甚至还有约定下次再来时，带些需要的笼头、篦子、竹筛子等。

进入新千年后，有些传统的生产、生活用具也慢慢淡出人们的视野。走街串巷拴簸箕、卖条（草）编的经营者，随着市场的萎缩，慢慢不见了踪影。现如今，能在很少的几个集市上看到经营条（草）编生意的，只有三里堤杜家第三代传人杜清华了。年届七十的杜清华，凭着一手好手艺，操持着几代人传下的行当，默默等待着、期盼着这一传统手艺能传下去。

## 沙窝木旋

肥乡沙窝木旋儿传承已久，明末清初渐成规模。清朝末年是沙窝木碗加工的鼎盛时期，村里发展到一百多个作坊，年产销木碗高达四十多万只。解放前，沙窝村几乎家家都有木旋制作工具，人人都会木旋技艺。

木旋的主要产品有木碗、擀面杖、锅盖提手儿、画轴儿、暖水瓶塞、床腿儿、桌腿儿、台灯柱儿、刀把儿、皮牛（陀螺）、棒槌、鼓槌、笔筒等。

木旋儿的主要机具分为两种。一种是旋木碗专用的大旋床，由床帮、床腿、马的、旋轴、卡头、靠手、稳板、靠棍、皮带、踏棍等组成。刀具有挖刀、尖刀、圆琢刀等。

另一种是平时旋制生产生活用品的小旋床，由床腿、床帮、两个鹰嘴、一个拉弓、一把圆刀、一把平刀组成。鹰嘴的作用是衔卡固定需要加工的木料。圆刀的作用主要是木料的外部找平。平刀的作用是使加工的物料外部光滑直至成形。

近几年，木旋传承人李学民又将其带到美国、泰国等国家进行展示。2017年6月，纪录片《中国手作》摄制组在沙窝村拍摄了沙

↓ 木旋艺人在工作

窝传统木旋制作技艺。

2009年6月，沙窝木旋被列入市级非物质文化遗产保护名录。李学民被列为市级木旋制作传承人。

### 王氏正骨术

王氏正骨技艺，可追溯到清末光绪年间。它依据“手摸心会”正骨原理，运用牵、捏、推、挤、顺、拧、碰、按、接等九法，采用土白布加木板正骨固定，配合皮牵引、骨牵引等疗法，辅之以正骨酒、接骨丹、筋骨消疼膏等，治愈时间短，疗效好。经过王氏几代人的辛勤努力，技艺日臻完善。已从个人行医，到开办诊所，乃至目前具有一定规模的肥乡中医骨科医院，成为较大的专业治疗骨科的医院，蜚声华北。

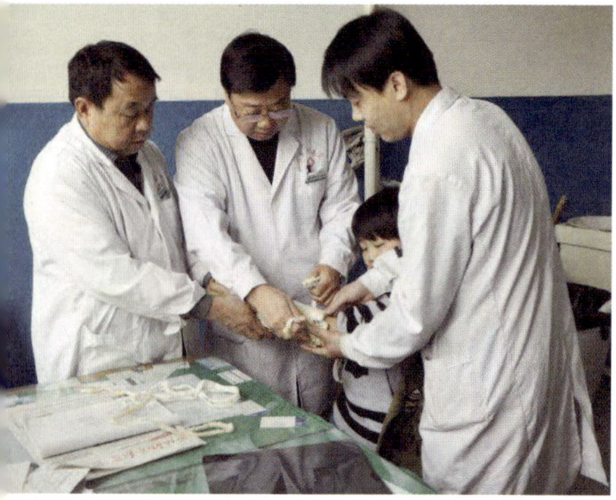
↑ 王氏正骨术传承人王章河（中）在手术

第三代传人王章河、王铭河兄弟，将王氏正骨术发扬光大。他们采用中西医结合的方法，应用现代诊断设备，配合牵引、闭合穿针等方法，使患者骨折对位率大大提高。因此，吸引山东、山西、北京、内蒙古等地患者慕名前来就诊。中医骨科医院现已荣膺河北省二级中医骨伤专科医院，使数以万计的骨伤患者解除了痛苦。

“王氏正骨术”的最大特点是：手法复位少开刀，中医中药费用少；动静结合愈合快，简便易行痛苦小。在骨科诊疗上已从以下五个方面得到发展：从单纯性骨折到多发性骨折的治疗；从新鲜骨折到陈旧性骨折的治疗；从闭合性骨折到开放性骨折的治疗；从四肢骨折到关节内骨折的治疗；从手法复位小夹板固定到切开复位内固定的治疗，使医疗技术得到不断发展和巩固。

2017年4月，王氏正骨术被列入省级非物质文化遗产保护名录。

## 孙氏家传妇科

天台山孙氏妇科在明清时期已显兴盛，尤有《妇科验方》手抄本传于后世，但秘不外传。凡妇科经带胎产，及妇人杂病，治多良验，至今慕名就诊者络绎不绝。

传承人孙孟章，现在天台山镇行医，致力传承和保护家传医学技术，造福百姓。在三十多年行医生涯中，他有多篇医学论文在国家和省部级杂志上发表。其中《窦汉卿师承与传人考证》《阵发性睡眠性血红蛋白尿的中医治疗》《拉拉秧洗足治疗小儿秋季腹泻》等发表在《中华医史杂志》《基层中药杂志》等医学杂志上。他还应邀参与中国中医科学院医史文献研究所《中国古代医家年谱传记》的编撰工作。平时，他将临床经验整理成册，写出《医暇随笔》《槐荫堂医案》三百余卷。

2015年12月，孙氏家传妇科被列入市级非物质文化遗产保护名录。

## 地方戏曲

传统戏曲起源甚早，种类繁多，丰富多彩，在漫长发展的过程中，经过千年不断地充实、革新与发展，才逐渐形成比较完整的戏曲艺术体系。肥乡位于中原腹地，是传统戏曲文化的起源地，是中国戏曲文化的重要组成部分。

↑ 南营四股弦培训基地

↑ 南营四股弦演出

### 南营四股弦

南营四股弦分布在旧店乡南营村及周边地区，以南营村四股弦最为突出。当时因文化生活比较单调，四股弦虽是地方剧种，却风光无限，人见人爱，是农村民众十分喜爱的艺术形式。抗战时期开始，开班授徒，学员最多时达30人左右。四股弦的传统剧目有《三进宫》《打金枝》《辕门斩子》《困南唐》等，现代戏有《红灯记》《沙家浜》《奇袭白虎团》等。

南营四股弦在不断发展的进程中，形成了独特的艺术风格，特别是在乐器、唱腔、武打、道白等方面具有鲜明的地方戏曲特色。尤其是伴奏乐器——大弦，是其他剧种所没有的。大弦即四股弦，又名四根弦、二夹弦、五腔弦、五调弦，其音调独特，音质优美，流畅的乐曲给人以动听、舒畅的感觉。对于它的起源和发展，至今还在探讨中，具有一定的学术研究价值。

2008年6月，南营四股弦入选国家级非物质文化遗产保护名录。

## 肥乡皮影

肥乡皮影戏起源于北宋末年，它由民间老艺人苏万通带到肥乡，很快就成为人见人爱的一种娱乐形式。多年后，皮影戏迅速而广泛地流传到成安、磁县、临漳、永年等地。

农村实行生产责任制后，肥乡的东马寨、寨中堡、韩堡、唐町等村又兴起了一股皮影热潮。至今，东马寨、寨中堡两村皮影保留下来，成为冀南皮影的突出代表。

↑ 肥乡皮影演出

李修山从事皮影艺术多年，搜集整理出《殷红下山》《王莽篡朝》《哪吒闹海》《五鬼阵》等剧目，形成皮影戏剧脚本。近几年，他还把现代社会新风尚编成剧本，新编了《包公“巧断”税务案》《殡葬改革新风》《宣传计划生育》快板戏等十余个剧目。

冀南甘丹AAA皮影戏剧团长苗九富，深得老一辈艺术家真传，自幼便跟父亲学习挫皮影、演唱等。初中毕业后，就到皮影剧团学戏。为了尽快提高自己的演出专业水平，又到磁县庆河峪、西小屋等淮调剧团培训演出十余年。2008年担任团长至今，更将皮

↑ 苗九富等在皮影演出

影发扬光大，使被人们淡忘的皮影戏又活络起来。

市级皮影传承人张迎风，从小热爱皮影艺术，1997年曾拜老艺人韩克礼为师学习皮影，二十多年来学会了皮影中各种人物的表演技能、唱腔，掌握了各种演奏乐器的操作，有十二本戏台词烂熟于胸，成了皮影圈内新一代台柱子。

2008年6月，肥乡皮影入选国家级非物质文化遗产保护名录，李修山也成为国家级非遗传承人。

↓ 张迎风（右一）在表演

## 申营西调儿

“西调儿”又称“泽州调”“泽州戏”“枣梆”“三搭板”，是流行在河北省南部的一个古老戏曲剧种。因与山西上党梆子属一个嫡亲的姊妹剧种，又广泛传唱于太行山之西，故名为“西调儿”。

清光绪年间，山西闹灾荒，艺人流离失所，无法生存，申营村人申老永，邀请田书德（艺名“大闺女”）、张魁（艺名“满脸”）在家乡申营办起戏班子，设科授徒，于是就有了申营西调儿。

申营西调儿原有传统剧目100多出，其中梆子腔剧目有《小过山》《罗章跪楼》等60多出。西调原有“昆、梆、罗、卷、簧”五种声腔，目前仅演梆子剧目。

↑ 申营西调《杀父劈兄》剧照

西调儿的伴奏乐器十分独特，特别是头弦锯琴，为地道的自制民族乐器，琴杆较短，琴筒粗长，用楸木或桐木掏成，传统用皮做弦，采用五度定弦，内六外三。二把弦为土制京胡，内三外六，音色相辅相成，高亢激越，结合剧情，给人以热情奔放的感觉，使人百看不厌，回味无穷。

2012年12月，申营西调儿被列入县级非物质文化遗产保护名录。

# 肥乡剪纸

肥乡剪纸起源于何时，已无从考证。但是，窗花作为民间的传统技艺由来已久，几乎村村都有这样的艺人。剪纸，主要表现形式有阳剪、阴剪和阴阳剪结合三种，作品既精美雅致，又形成了肥乡地域上独特的剪纸风格：构图严谨，搭配协调；形态生动，线条流畅；格调雅致，神态逼真。肥乡剪纸灵活地表现着千变万化的自然形态，随心所欲地表达着广大作者的美好情感。

↑ 剪纸传承人刘淑婷在传授技艺

剪纸材料多种多样。有多种彩色纸，有植物的叶子、布、树皮等。在内容取材上，有民风民俗、动物植物、文字图案、民间传说、历史典故、时令花信、名人轶事等。作品给人以美感，令人赏心悦目。

剪纸作品从祭祖祈神的点缀品，如五色旗、供花、纸人等，发展为窗花、鞋花、喜花和幡花，以及门花、灯花、枕花、墙角花、迎亲花、炕围花、殡花等，五花八门，千姿百态。

肥乡剪纸分布于毛演堡乡前王固村、南元寨村，旧店乡南、北营村，元固乡西彭固村等，主要传承人有刘淑婷、张慧珍、谷延莎等。

2012年12月，剪纸艺术被列入县级非物质文化遗产保护名录。

# 肥乡红拳

红拳在旧店乡辛寨村已有两百余年的历史。自第一代祖师郭修身起始至郭红卫已传承十一世，从未间断。辛寨红拳集内外家之长，实用性强，具有较强的搏击性、技击性，流传范围广，影响大，易于推广，深受武术爱好者喜爱。

红拳立名，有两个传说：一是因民间红拳传承人世代流传红拳讲究“出手见红”“出手一点红”而得名；二是据传宋太祖赵匡胤随陈抟老祖学得拳套三十二势，后正名为太祖红拳三十二势。

宋朝以前，红拳是中国武术最早形成的套路形式，以宋朝开国皇帝赵匡胤命名的“太祖红拳”流传于世。宋代武术文化得到发展，《武经总要》《武学七经》等一批理论性著作陆续出版。红拳包括打手对抗、套路运动两类形式和盘、法、势、理四个方面，突出表现了“八字八法”的主要内容。

肥乡红拳属于中国武术四大流派——查、花、炮、红之一的“红拳派”，它集

↑ 红拳

↑ 红拳

↑ 红拳

内家、外家之长，吸收并借鉴了其他拳法的优秀招式，形成了盘、法、势、理俱全的红拳体系，是北方红拳的重要代表之一。

肥乡红拳在中原地区影响深远。20世纪50年代，辛寨村多名拳师到河南、山东以及河北邢台、沧州等地授徒传艺，其中以郭家红拳第九代传人郭清香最为出名，慕名求艺者络绎不绝。他对凡好学者都悉心传授，具有高超的武艺，高尚的武德。现在这一传统文化仍绵延不绝，传承至今。目前，在冀南一带，习练红拳的老拳师中，大都是肥乡东辛寨村的郭家红拳传人及再传弟子。

2012年12月，肥乡红拳被列入市级非物质文化遗产保护名录。

## 肥乡梅花拳

梅花拳又名梅花桩。梅花桩起源于明末，最初是家传形式，所以又称“父子拳”。梅花拳融周易八卦于拳理，化阴阳五行于拳法，历经数载精心锤炼，才形成了一整套别具一格的独特拳派。

梅花拳于康熙四十年（1701）传入肥乡，后经历代掌门人锤炼、传承、光大，现已有弟子六百余众，遍布肥乡三十多个村庄。第十四代掌门李文章以其进退随情，起落随形，变化有法，动静有术，样样兵器皆精，成为肥乡梅花拳的杰出代表。2010年，在第八届中国少林武术节上，李文章的弟子李根获软器械金奖；秘书长梁海龙获长器械铜奖；同年10月，弟子王建军、李志强在山东梁山举办的“中国梁山梅花拳武术表演大会暨传承论坛”活动中获一等奖。

梅花桩的器械练习套路有大刀、大枪十二路和大杆劈刺法；长柄器械类有戟、枪、棍、槊、镋、耙、倒钩矛、梢子杆等；刀剑钩刺类有连环刀、剑、虎头钩、月牙刺等；此外还有流星锤等。

2009年6月，肥乡梅花拳被列入省级非物质文化遗产保护名录。

## 特色物产

《史通·杂述》说："九州土宇，万国山川，物产殊宜，风化异俗。"肥乡地域受环境、气候的影响，生产出许多地方特色的物产，这些物产受到人们的喜爱。

### 圆葱

↑ 圆葱

肥乡大面积种植圆葱起源于20世纪六七十年代。最多时可种植8万余亩，年产20余万吨，曾被命名为"中国圆葱之乡"。

肥乡的气候、土壤、水质等特别适宜种植紫皮圆葱。这种圆葱营养价值极高，是一种集营养、医疗和保健于一身的特色蔬菜。紫皮部分含有更多的栎皮素，对人体有极强的保健功能；其肥硕的肉质鳞茎营养丰富。

## 食用菌

食用菌在肥乡的种植兴起于蔬菜大棚生产之后。大棚可保持温度，适宜于秋后种植的食用菌生长，盛产时期的产量可达8万吨。因此，肥乡被命名为“中国食用菌之乡”。

食用菌栽培多以玉米秸秆和玉米芯为原料，实行袋料栽培。每年秋后，农民利用自产的玉米秸秆和玉米芯粉碎加工后，装袋发酵7~15天即可栽培。主要品种有平菇、草菇、双孢菇、香菇、金针菇、猴头菇等十余种。

近年来，菌农又引进食用菌液体发酵技术。这种技术具有生产规模化、控制自动化、生长灭菌化、发酵高速化等特点，可使食用菌生产周期由120天压缩至40天，可连续出菇，全年生产，是一条

↓ 食用菌生产大棚

切实可行的致富之路。

随着食用菌生产的迅速发展，食用菌加工也日渐热络，可速冻、盐渍和加工干蘑菇。速冻品种有平菇、草菇、双孢菇、香菇、牛肝菌、滑子菇等。菌叶和菌柄还远涉重洋出口欧盟和非洲市场。

↑ 平菇

## 红枣

肥乡，地处漳（河）黄（河）故道，土壤均为河流冲积物，质地多为黏土和两合土地，非常适宜枣树的生长，其分布几乎遍及域内各个角落。枣树栽植历史由来已久。据调查，目前境内树龄超百年的枣树不下千余棵，其中不乏二三百年树龄的老枣林。

红枣富含蛋白质、脂肪、糖分、胡萝卜素、维生素及磷、钙、铁等。红枣可鲜吃、可干吃，鲜枣香甜可口，沁透脾胃；干吃绵软温馨，口齿生津。也有制成闷枣儿的。

↑ 红枣

闷枣儿，也称酒闷枣儿。一般是在“檀枣”成熟的时候，挑拣无虫眼儿、无破口儿、无划痕的红枣，小心从树上摘下来，然后逐个蘸上白酒，放进罐子里，盖上盖儿，用泥土封好，一个月后即可食用。酒的醇香和着枣的脆甜，甘洌浓郁，令人陶醉。

↑ 瓜农在摘西瓜

↑ 西瓜

## 西瓜

肥乡种植西瓜很普遍，东、西、南、北皆有种植。但是，选择什么土质，用什么肥料，却很有讲究。

旧店乡辛寨村种植西瓜历史悠久。他们选择沙质土壤，施用农家肥，不打农药，不用化肥，种出的西瓜口感特别好，市场上很抢手。2008年注册了“傻甜”商标，其品种主要为改良8号、新状元、黑美人等优良品种。这种西瓜种植用的底肥是黑豆和棉仁饼，追肥主要是鸡粪、猪粪、牛粪，喷施灌溉沼液，西瓜个儿大，可达30多斤，糖高、汁甜、味美。

现在的“傻甜”西瓜，均贴有“二维码”。消费者购买时只要用手机扫一扫二维码，便可知道西瓜的品种、产地、种植措施、种植户名等信息，让消费者吃得舒心、安心。

## 红薯

肥乡人很喜欢种红薯，因为它耐旱、稳产，适应性强，可充分利用村边地、撂荒地、零星小块地种植。红薯是肥乡人的忠实朋友，很多人就是靠它度过了灾荒年和青黄不接的春天。

红薯中含有人体需要的多种营养物质，每天吃红薯有助于维持人体的正常叶酸水平，降低得癌症的风险。红薯中高含量的膳食纤维，有促进胃肠蠕动的作用。

↑ 加工红薯芡粉条

红薯，除鲜吃外，还可打芡粉，制成粉条，作为副食品佐餐。大寺上镇粉房头村，就是因做粉条闻名，因其“粉房”多而命名的。

### 葡萄

↑ 村民在展示葡萄新品种

肥乡大面积种植葡萄是农村实行生产责任制以后。现在大田种植葡萄的，一般都很集中，这样便于销售，有很多商贩常到地头购买，如田寨、张达、南赵村、西关等，形成了不少种植园区。其品种也随着技术进步不断出新，有巨峰、玫瑰香等品种。

近几年，结合美丽乡村建设，人们又千方百计建设了葡萄观光采摘园。到果熟旺季，浓郁的果香令人神往，观光者、采摘客欢声笑语，乐得果农心花怒放。销售旺季，每天可交易各类鲜葡萄十余万斤。

# 风味小吃

肥乡，明代有诸多移民来到这里。他们从不同区域带来了不同的烹饪技术，烹调方法五花八门。经过几百年的优胜劣汰，已形成了自己独特的风味食品、地方名吃。

## 黑脸烫面包

烫面包是肥乡极具魅力的、具有地方特色的名小吃，不仅在肥乡享誉盛名，而且在中原地区也很有影响。

所谓“烫面包”，即用烫面蒸的包子，主要原料为精制面粉、羊肉、大葱等。烫面包以它皮薄如纸、面如凝脂的外观，肥而不腻、清香滑润的口感，“提起一兜儿、放下一摊儿”的特点，羊肉不膻、肉团不散的风格，被众多的食客所钟爱和推崇，继而风靡市场。清代和民国时期，不仅名门望族、官宦子弟成为烫面包的经常食客，就是平民百姓，也以食之为满足。

烫面包，创始于清代，兴盛于当代。2002年，“黑脸烫面包”在商标局注册；2003年被邯郸市、肥乡县分别评为“消费者信得过产品”；2005年顺利通过国家强制质量认证（QS），并获得生产许可证；2006年，在“邯郸市地方名吃大赛”中被评为面点最高奖——银质奖。

2009年6月，黑脸烫面包被邯郸市政府批准为市级非物质文化遗产。

## 卤煮鸡

卤煮鸡是肥乡的传统风味。卤煮鸡做法的最大特点是不过油，直接用卤汤煮鸡，而这种卤汤制作的关键就是老汤。

一是要选用活鸡（传统为笨公鸡），生长期要超过半年以上才可屠宰使用；二是要精细加工，从屠宰、脱毛、清洗、整形等都要严格把握，不可偷工减料；三是着色要恰到好处，给人以美感；四是配料炖煮要精准，尤其佐料数量、质量都要到位。老汤卤煮要火候适中，时间把握要恰到好处。那种煮鸡的味道，满城飘香，闻起来就让人垂涎欲滴，食欲大增，久吃不厌。

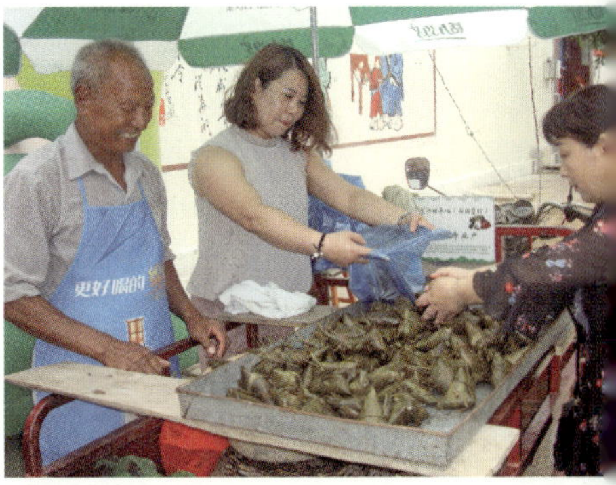

↑ 端午粽子香

## 南谢堡粽子

说起粽子，人们会异口同声地提到“南谢堡”。南谢堡村几乎家家包粽子、户户卖粽子，可谓名副其实的“粽子之乡”。为此，2016年端午节前，天台山镇政府在南谢堡村举办了“邯郸首届粽乡（天台山）端午文化节”。通过包粽子、说粽子、展示粽子，使粽子文化得到了弘扬，促进了美丽乡村的建设发展。

↑ 中央电视台记者见证蒙眼包粽子比赛

南谢堡粽子通常为苇叶和竹筒粽，形式上有四角形、圆柱形等，粽子品种除普通糖粽子、枣粽子外，还有豆沙粽、咸味粽、肉馅粽、蛋黄粽、板栗粽、水果粽等，味道多样，沁人心脾。

### 扒糕

俗称“灌掌”，据传始于清代末年，已有一百多年历史。肥乡不少村和户都有生产制作扒糕的作坊，作坊多的村要数天台山镇北谢堡村了。北谢堡村现有大小作坊二十多家，较大的作坊有四家。号称“扒糕世家”的刘胜利家族最具代表性。据说到他这代已经是第五代传人了。

扒糕的主要原料为荞麦面。其制作过程并不复杂：将荞麦面、食盐、五香粉等主辅料备好，待大锅中水烧开后，舀出两瓢水备用；将面粉等倒入锅中，用拐子将面粉打成糊状，再加适量水及

↓ 北谢堡扒糕

盐、五香粉，搅匀后加热做熟；火熄灭后，用手把荞面糊团成直径约8厘米的小块，放置在事先备好的高粱秆篦子上，晾透后，第二天即可上市食用。食用时，切成菱形，用蒜汁、食醋、芥末、辣椒油等适量调匀，即成清爽可口、馨香四溢的传统佳肴。

## 醋香炖毛蛋

历史上，肥乡西部的大寺上、粉房头、东庄上等村有用土法孵鸡的习惯。在种蛋孵化21天后，总有一些蛋因为种种原因不破壳，小鸡出不来，人们把这种“鸡蛋”称为“毛蛋”。起初，有人将之直接扔进柴火里烧烤，烤熟后剥开蛋壳便可食用，吃起来味道鲜美。后来，人们将之用开水煮熟，剥开去毛、去内脏后，加料炖煮，这就是“炖毛蛋”。据厨师讲，炖毛蛋用油、醋、酱油有讲究，其比例要适中，一斤毛蛋，一般用油一两、酱油一两、醋三两，这样炖出来的毛蛋味道鲜美，醋香扑鼻，滑嫩爽口，老少咸宜。

↑ 毛蛋

中国民间文化遗产抢救工程
THE PROJECT TO CHINESE FOLK CULTURAL HERITAGES
SOS

几千年来，在肥乡这片宝地上，发生过数不胜数的惊心动魄的故事，有帝王将相的传奇，有仙释至圣的神话，有光怪陆离的轶事趣闻，更有历代俊贤的可歌可泣的事迹……这些都是肥乡千年文化的组成部分。

# 第七章
# 文化千载呈风流

# 历史故事

## 孔子"圣井"造福肥乡

约公元前498年，孔子带领子贡、颜回、子路等弟子周游列国，在西行去见赵简子途中，经过肥乡（当时还没有这个名称）时，发现由于连年干旱庄稼绝收，百姓生活十分艰难，草根树皮都被吃光了。孔子见状，心里十分难受，决定帮助当地百姓解除旱荒。在他的倡议下，大家经过考察，发现今县城西北四里处，梁庄村东瑞气上升，是块风水宝地，便决定在此挖井。孔子带领众弟子和百姓白天挖井，晚上为附近百姓讲学演艺。

↑ 井堂寺"圣井"

经过数月的努力，井终于挖成了。井水甘甜醇香，溢出流入田间，干枯的庄稼很快就复活了。同时，喝了该井之水，沁人肺腑，可治百病，健身强体。由于有了井水浇灌，周围村庄连年丰收。更为奇怪的是，无论如何干旱，其他的井都枯干了，但这口井仍然清水荡漾，取之不尽，使周边百姓免遭旱荒之苦。人们为纪念孔子造福百姓，就将该井称为"圣井"。千年以后，人们在此地修建了一座佛教寺院，因井而得名，称井堂寺。

## 刘秀与肥乡

西汉末年，王莽称帝后，阶级矛盾进一步激化。王莽复古改制变法造成“商失业，食货俱废”，百姓怨声载道，纷纷揭竿而起，反对王莽的统治。公元23年，王莽新朝灭亡，绿林军拥立西汉皇族后裔刘玄即位，即更始帝。蔡阳（今湖北枣阳西南）刘秀，系汉高祖刘邦九世孙，汉景帝十子长沙定王刘发的后代。这时，他也加入了起义大军，屡立战功，崭露头角。

更始元年十月，更始皇帝派刘秀以破虏将军行大司马事，执节北渡黄河代表朝廷宣读圣旨，要求郡国遵守朝廷诏令，同时镇压当地农民起义军。当时邯郸有个叫王郎的卖布人自称是汉成帝的儿子刘子舆，自立皇帝。当听说刘秀到河北宣示刘玄旨意时，害怕他的假身份暴露，就派人到处追杀刘秀。

刘秀逃到列人（今肥乡）时，眼看就要被王郎的人追上，突然发现前边有一村庄，几间老屋的门窗上布满了蜘蛛网，看上去很久没人进去过，为了活命，刘秀也顾不得许多，一头钻进屋里，在屋角躲了起来。刚进屋，无数蜘蛛很快又把门口布满了蜘蛛网，跟没有人去过一样。这时王郎的人追到破屋前，当官的就让士兵进去搜查。士兵发现门窗上布满了蜘蛛网，就对当官的说，门窗布满了蜘蛛网，怎么会有人进去呢？于是放弃进屋搜查，径直向村子里追去，刘秀因此躲过一劫。

公元25年，刘秀平定河北，于河北鄗城（今河北邢台市柏乡县固城店镇）千秋亭即皇帝位，建元建武，即汉光武帝，史称后（东）汉。

在肥乡至今还有很多有关刘秀的传说，如“农公救驾二月中”“母骡化胎救刘秀”“谢桑葚错挂金牌”“蝼蛄报信避追兵”“涉险藏身天齐庙”“平叛乱不忘怜民”等。

### 曹魏屯垦促发展

东汉末年，由于董卓之乱和豪强混战，中原及河北地区遭到很大破坏，呈现一片“出门无所见，白骨蔽平原”的悲惨景象。大批农民流离失所，生活无着，大量土地荒芜。建安五年（200），曹操与袁绍在官渡一战，袁绍失利，曹操占据冀州。而后，曹操把战略重点开始放到北方。首先，大规模营造邺城（今临漳西南），使邺城人口骤增，成为当时实际的政治、经济、文化中心。其次，恢复生产，发展经济，着重解决军队急需的军饷问题。他采取的主要措施是垦荒屯田和兴修水利。为加强领导和统一指挥垦荒屯田，在

↓ 团结渠大康堡闸口

屯田区设典农都尉（相当县令）和典农中郎将。典农中郎将相当郡守，管辖典农都尉，统归于中央的大司农。从大司农到典农都尉，直线领导，与地方官吏不相干。屯民的收入，凡租用官地耕畜的，将收成的六成交官府，四成自用；没有租用官府耕畜的，官府屯民各得收入一半。

当时，曹操设置屯田地区有四处，即魏郡、列人、阳平和蓟。曹操在列人（今肥乡东北）设有典农都尉，王弘直曾任列人典农都尉。屯田政策的实施，使列人生产很快得以恢复和发展。“岁谷得百万斛”，有效地

↑ 团结渠闸口标语：一定要根治海河

↓ 团结渠闸口

解决了粮食问题，同时又安置了大批流民，稳定了社会局势。魏元帝景元五年（264），废屯田制，改屯田官为郡县官，列人典农都尉亦废，改任县令。

## 慕容垂建新兴城

永和十年（354）四月，慕容俊称帝，建号元玺，史称前燕，慕容垂被封为吴王。370年，前燕被前秦所灭。

384年，前燕故将慕容垂组织旧部反抗前秦。他的侄子慕容农在列人（今肥乡东北）起兵，响应慕容垂的号召，大败前秦军队于列人西；斩杀前秦大将石城，随即攻破馆陶康台（今邱县西南）。二月，慕容农率军与慕容垂会合，用地道、飞梯攻邺，筑长堤围邺，引漳水灌邺，但始终没有攻破，这时邺城内粮草严重不足，只能用松木喂马。而慕容垂也是军饷严重缺乏，无奈退兵，邺城围解。慕容垂退兵后，把军中士兵老弱者安置在肥乡，并且在肥乡东南修建新兴城，驻守军队和存放辎重，以备再次与前秦作战。

新兴城位于肥乡东南二十里，有东、南、西三个城门，东门毗邻南北官路（驿道），有驿站，有接官厅，路东设有跑马场，是跑马射箭、练习武艺、操练兵马的地方。西门外建有烽火台（现在人们习惯称为“大烟墩”）。城中建有营房，城隍庙等。

## 李世民大战刘黑闼

唐武德四年（621），隋末农民起义军首领窦建德被镇压以后，其残部推刘黑闼为首领，重整旗鼓，起兵反唐，先后击败李神勇、徐世勣所率唐军。半年时间收复了被唐军占领的原窦建德故地，并在洺州（今永年老城）自称汉王。这对李唐王朝的统治构成很大的威胁。于是，当年十二月，唐高祖李渊派秦王李世民、齐王李元吉率兵征剿刘黑闼。据《一统志》载，武德五年（622）五月，李世民进军肥乡，刘黑闼被迫退居列人城，并在西门外列人堤上悬起六十面大鼓，以壮军威。李世民数万唐军对列人城发起猛烈攻击。每当唐军攻城时，刘黑闼就让士兵击鼓。说来也怪，每次击鼓，列人堤就振颤不已，并伴有震天之声，唐军惊恐不敢前进，刘黑闼则指挥义军猛杀唐军。就这样，刘黑闼在列人堤上与唐军进行了数十次激烈交锋，击退了唐军数十次进攻，双方相持了三个多月。最后，李世民分兵截断了刘黑闼的运粮道路，义军粮草断绝。无奈，刘黑闼杀出一条血路，带领义军弃城直奔饶阳（今属衡水市）而去。

刘黑闼弃城逃走后，战争使列人城受到破坏，不久城池又被漳水淹没。后世在古列人堤旁挖出五条战船，似乎还能嗅到当年鏖战列人城的弥漫硝烟。

## 李白赋诗赞肥乡

隋开皇十六年（596），废列人县，置清漳县。唐天宝年间，唐代诗人李白的侄子李聿曾任清漳县令。天宝十一年（752）春天，李白离开长安，开始全国漫游之旅，路经邯郸时，专程到清漳看望时任清漳县令的侄子李聿。在清漳，李白耳闻目睹了清漳县盛世之景，思如潮涌，笔如游龙，写下了《赠清漳明府侄聿》一诗：“我

↑ 唐清漳县令秦献题造像碑

李百万叶，柯条布中州。天开青云器，日为苍生忧。小邑且割鸡，大刀伫烹牛。雷声动四境，惠与清漳流。弦歌咏唐尧，脱落隐簪组。心和得天真，风俗犹太古。牛羊散阡陌，夜寝不扃户。问此何以然，贤人宰吾土。举邑树桃李，垂阴亦流芬。河堤绕绿水，桑柘连青云。赵女不冶容，提笼昼成群。缲丝鸣机杼，百里声相闻。讼息鸟下阶，高卧披道帙。蒲鞭挂檐枝，示耻无扑抶。琴清月当户，人寂风入室。长啸无一言，陶然上皇逸。白玉壶冰水，壶中见底清。清光洞毫发，皎洁照群情。赵北美嘉政，燕南播高名。过客览行谣，因之诵德声。”

诗中描绘了清漳的太平盛世、美丽风光和勤朴的清漳人民，赞誉了李聿的执政能力。

### 韦景骏筑堤除水患

唐中宗时期，漳水流经肥乡北界，经永年转东北入曲周境内。由于漳水连年泛滥，洪水淹没了大片沃土良田。虽然人们不断修筑堤坝，但也难挡洪水，十年九涝，百姓经常遭受水患之灾，苦不堪言。唐中宗神龙二年（706），韦景骏出任肥乡县令，他体恤百姓疾苦，勤于政务，决心大规模兴修水利，彻底制止水患，造福肥乡百姓。

韦景骏带领吏役走遍城北各乡村，对地形地势进行认真考察后，发现南部地势较高，北部地势比较低洼。于是，就势筑堤，将原来的堤防南移数里，在高地上筑长堤二十里，宽厚高大。这样大水到来的时候，由于大堤阻挡，堤南的土地安然无恙。大水退后，由于洪水携带有机物等残留物滞留堤北，堤北土地则变成肥沃的田地。自此，肥乡北部一带几十年免遭水灾之苦。人们称该堤为“神腴堤”。

## 宋代推广“千步方田法”

宋嘉祐年间，肥乡田赋不均成为民众议论的热点。据《宋史》载，当时拥有大量私田的地主们，赋税缴得很少。而普通百姓的田地几乎被蚕食殆尽，却依然还要缴纳苛捐杂税。肥乡的情况引起了当时负责收税的河北转运使杨偕的注意。他向时任大理寺丞的郭谘反映情况。宋仁宗便派了秘书丞孙琳前往协助办理。

郭谘和孙琳在肥乡通过调查，最终依据“千步方田法”，制定纳税标准。具体办法是：以东西南北各千步为一方田，方田四角，立土峰以准，然后根据这个方田的土壤色泽、厚薄和肥瘠将其划分为五等的标准。收税时要按照相应的等级收取赋税。其中一等为最优，需缴纳的税赋最高，五等为最低，需缴纳的税赋最低。

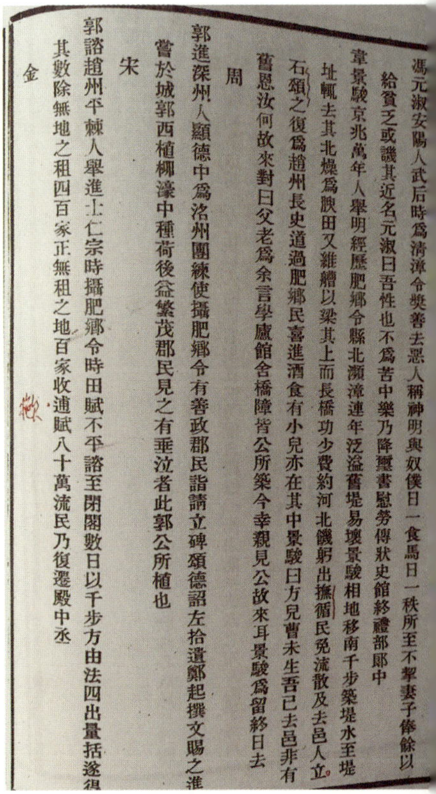
馮元淑安陽人武后時爲清漳令奬善去惡人稱神明與奴僕日一食馬日一秣所至不挈妻子俸餘以
給貧乏或譏其近名元淑曰吾性也不爲苦中樂乃降璽書慰勞傳狀史館終禮部郎中
韋景駿京兆萬年人舉明經歷肥鄉令縣北瀕漳連年泛溢舊堤易壞景駿相地移南千步築堤水至堤
址輒去其北燥爲腴田又維艚以梁其上而長橋功少費約河北饑躬出撫循民免流散及去邑人立
石頌之復爲趙州長史道過肥鄉民喜進酒食有小兒亦在其中景駿曰方兒曹未生吾已去邑非有
舊恩汝何故來對曰父老爲余言學廬館舍橋障皆公所築今幸親見公故來耳景駿爲留終日去
周
郭進深州人顯德中爲洺州團練使攝肥鄉令有善政郡民詣請立碑頌德詔左拾遺鄭起撰文賜之進
嘗於城郭西植榔濠中種荷後益繁茂郡民見之有垂泣者此郭公所植也
宋
郭諮趙州平棘人舉進士仁宗時攝肥鄉令時田賦不平諮至閉閣數日以千步方田法四出量括遂得
其數除無地之租四百家正無租之地百家收逋賦八十萬流民乃復還殿中丞
金

↑《肥乡县志》载：郭谘在肥乡推行“千步方田法”

《肥乡县志》载："四出量括，遂得其数，除无地之租者四百家，正无租之地者百家，收逋赋八十万，流民乃复。"也就是说，经过丈量土地，确定等级，郭谘和孙琳免除无地而有租税者400家，纠正有地而无租税者100家，收取逃漏税赋80万，效果显著。

熙宁五年（1072），王安石变法时，"千步方田法"再次被启用，经进一步完善取名"方田均税法"，先后在京东、陕西、河北、秦风、鄜延五路试行。

## 排水除涝余公河

据《广平府志》记载，明代嘉靖年间，每逢雨季，大水都汇集于肥乡比较低洼地区，因无处排泄而积涝成灾，庄稼被淹没，良田被冲毁，百姓苦不堪言。以往多任官员对此视而不见，不闻不问。嘉靖三十二年（1553）春，江西东平人余炯出任肥乡知县。当年五月开始下雨，六月大雨倾盆，至八月滏阳河水横溢决堤，东出柳林口，大水漫流至肥乡西部辛安镇，又转向东南漫灌焦家营后，再转东北至张达。汹涌的洪水横流百里，田地变成沼泽，庄稼漂浮，房屋被冲毁，百姓困于洪水之中。面对灾情，余炯乘坐木筏看望被洪水围村的乡民。每到一地，他都召集有经验的老人询问情况，共同商议排水办法。

根据大家的建议，余炯决定开挖一条起自张达，经王固直通滏阳河的河道，以排泄洪水。为此，余炯多方筹措资金，动用老少、壮弱五千余人，各带工具，投入施工。疏通东起张达，西至滏阳河的排水渠道，全长40余里，河宽4丈，深9尺，并筑土为堤。这一工程从八月底开始至十月中旬竣工。次年二月又组织部分民工加固堤防，完善工程，从而减少了肥乡西部水患，使不少洼地变为腴田。大家感叹地说：“寻丈之间而丰涝异，抔土之力而忧喜殊，这都是余县令的功劳啊！”大家遂称其河为“余公河”。

### 曹司宰筑路解民忧

明朝时，肥乡居通往广平（今河北永年）、大名（今河北大名）二府往来要冲，可直抵京师（今北京）。当时，境内有两条道路，一条东路，自广平（今河北省广平县）西，北抵毛演堡（今肥乡境内），长约五十里。一条西路，自小堤（今成安县境内）西，北抵谢家店（今肥乡东谢店），长约三十里。两条道路平坦，来往十分方便，是肥乡境内两条主干道。到万历年间，年长日久，经过马踏车轧，路面遭到严重破坏，高低不平，坑洼难行。晴天尘土飞扬，雨天积水横溢，满路泥泞，冬天布满冰雪，崎岖光滑，严重阻碍了人们的出行和交通运输，给百姓生活带来诸多不便。

明万历二十年（1592），曹司宰出任肥乡知县。在任期间，他废除了官府盘剥百姓不合理的赋税，减轻了百姓负担，修建了寒春院，收养贫苦无依的儿童和贫民，严厉打击豪强巨富的不法行为，受到百姓的爱戴。他体察民情，关心百姓疾苦，深知道路不好给民众带来的艰难，于是决定对东西两条道路进行重新修筑，以便利百姓出行和交通运输。自万历二十三年（1595）春至二十六年（1598）秋，经过三年多的艰苦施工，在原来路基的基础上加宽了路面，使两条道路平坦如初。道路两旁挖了排水沟，并栽植了树木，晴天绿树成荫，雨天没有积水，冬天没有凝冰，为肥乡百姓做了一件大善事。

为褒扬曹知县的功德，人们在翟固村西、广平通往毛演堡的路旁立碑一通。碑文《邑侯曹老父母修路碑记》，由曾任户部、兵部尚书张学颜抱病撰写，辽东巡抚、都察院右副都御史张思忠篆额，详细记载了筑路经过，赞扬了“曹老父母”为民排忧解难的良好政风。

## 于成龙在肥乡

于成龙（1617—1684），字北溟，号于山，清山西永宁州人，康熙朝重臣，勤政爱民，廉洁奉公，惩恶扬善，政绩卓著。曾以“今时清官第一”“天下廉吏第一”蜚声朝野。康熙十九年（1680），于成龙出任直隶巡抚。二十年（1681）秋，巡视肥乡。当时，肥乡县油胡寨村西与南屯庄间有一条南京通往北京的官道（驿道），中间穿越大名、广平二府。在官道旁有一驿站，站前有接官亭。于成龙为方便了解民情，不住县城驿馆，而住到了远离县城的驿站。

↑ 抚院于老爷廉慈公宜万民永念碑

↑ 乡村耆老在察看万民永念碑残碑

于成龙在肥乡期间，深入乡村了解社会现状、吏治情况及百姓疾苦等，惩豪强、除恶霸、劝农桑，深得百姓爱戴。于成龙重视教育事业，他命肥乡士绅郝文灿在肥乡县屯子堡村（1940年8月划归广平县）一处私学的基础上建义学一座，郝文灿自任教师，解决了百姓子弟读书问题。后该义学扩建为漳南书院，聘请清代著名教育家颜元主持书院，培养出一大批栋梁之材，肥乡及周边县的百姓受益匪浅。

关于于成龙还有一个故事，说的是于成龙在民间听到洪门寺的新住持洪能和尚及新收的几个徒弟欺男霸女，无恶不作。听说最近又劫了一个貌美的年轻媳妇，家人将恶僧告到县衙，一直无下文。

于成龙听到后，迅速走访知情人。当得知确有其事后，他便只身闯虎穴，孤胆斗恶僧。谁知洪能狂妄至极，不容分说，就把他抓了起来，扣在寺门外的大铜钟底下。

事有凑巧。夜深时，有个人醉醺醺地过来靠在铜钟上休息，忽然听到钟内有动静，似乎在用力拍打钟壁。他感到很纳闷。于是就叫来几个酒友，掀开大钟，救出了被困的于成龙。

于成龙得救后，迅速派人同肥乡知县取得联系，并将洪门寺团团围住，救出被劫持的妇女二十多人，恶僧洪能被擒获。经过审讯、查证、对质，很快将案情查明。于成龙迅速将之奏报朝廷。谁知，朝廷有碍于洪能同山西高僧的特殊关系，以没有伤人为由，传旨于成龙“就此罢了吧”。

于成龙说：“耙就耙了吧！”他赶紧派人将众恶僧半埋在耕田中，使其只露头部，然后套上牲口，挂上铁齿耙，将其悉数耙死。事后，奏报康熙帝：“已按圣意将恶僧耙了。”

康熙看完奏章，无可奈何地说：“既然已经耙了，那就罢了吧！”

康熙三十年（1691）孟夏，当地百姓为感念于成龙除恶安民、劝农桑、办义学等恩泽，特立“抚院于老爷廉慈公宜万民永念碑”一通，以示永念。该碑经复刻后，现仍屹立于前油胡寨村西200米处，赫然醒目。

# 趣味传说

肥乡“古称望县。星分昴毕之墟，人吐燕赵之气”。这些燕赵之气长期游荡在民间传说中，有地名来历、有人物传奇、有仙释神话、有轶事趣闻等，人们谈起来总是眉飞色舞，津津乐道。

## 吕洞宾肥乡度柳仙

《肥乡县志·仙释》记载：“柳仙，法名条青，扶胥其道号也。唐宣宗大中之三年二月花朝，降生于肥乡之东汾社，十一岁遇吕仙于邯郸道中。吕目视良久，忽叱曰：童子何来？柳鞠躬曰：余不知何来。吕微笑曰：宿根，宿根。辄指授法言，携入武夷山中。其父疑以为妖，白之于崔观察。柳归，授吕秘法，假暴卒，已复遁回武夷。及葬，墓冢上尝有紫气，发视之，惟见一青柳杖耳。又自言貌古髯长，身披黄赪衣，青表戴笠，着蓑棕屐。世以《仙鉴》载青柳杖事，遂讹为樟柳之精云。”

↑ 翟固吕公堂中的柳仙塑像

《仙鉴》全称为《历世真仙体道通鉴》，是元代浮云山万年宫道士赵道一（又称赵全阳、全阳子）所撰，为道教神仙传记。全书共收神仙、道士899人传记，其中载有“青柳杖”事。

《仙鉴》所记载的柳仙，法名柳条青，道号为柳扶胥。唐宣宗大中三年二月花朝节（俗称“花神节”，农历二月初二举行）时生于肥乡县东汾社。十一岁时与吕洞宾在邯郸道上相遇，吕目视柳许久，忽然大声叱道：“童子从哪里来？”柳鞠躬施礼回答道：“我不知道从哪里来。”吕微笑着自言自语道：“宿根、宿根。”遂授予他法言，并带他到武夷山中。柳的父亲怀疑吕洞宾为妖，把事情禀告给官府的崔观察。不久，柳回到家中，按照吕仙授予他的法术假装暴病而亡，事实上已经遁回武夷山。家里将他埋葬后，其墓冢上经常冒出紫色的烟气，把墓冢挖开一看，里面却只有一条青柳杖。柳仙自言，其貌古须长，身披黄赪衣，头戴斗笠，脚穿棕鞋子。后世道教神仙传记《仙鉴》载有“青柳杖”事，于是就讹传为樟柳精。

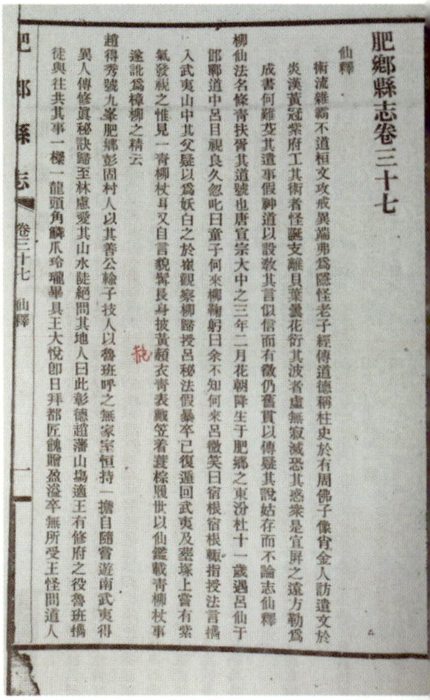
肥鄉縣志卷三十七

仙釋

術流雜霸不道桓文攻戒異端弗爲隱怪老子經傳道德稱柱史於有周佛子像肖金人訪遺文於炎漢黃冠紫府工其術者怪誕支離貝葉曇花衍其波者虛無寂滅恐其惑衆是宜屏之遠方勒爲成書何難芟其遺事假神道以設教其言似信而有徵仍舊貫以傳疑其說姑存而不論志仙釋

柳仙法名條青扶胥其道號也唐宣宗大中之三年二月花朝降生于肥鄉之東汾社十一歲遇呂仙于邯鄲道中呂目視良久忽叱曰童子何來柳鞠躬曰余不知何來呂微笑曰宿根宿根輒指授法言攜入武夷山中其父疑以爲妖白之於崔觀察柳歸授呂秘法假暴卒已復遁回武夷及瘞塚上嘗有紫氣發視之惟見一青柳杖耳又自言貌古髯長身披黃赪衣青表戴笠着蒉棕履世以仙鑑載青柳杖事遂訛爲樟柳之精云

趙得秀號九峯肥鄉彭固村人以其善公輸子技人以魯班呼之無家室恒持一擔自隨嘗遊南武夷得異人傳修眞秘訣歸至林慮愛其山水陡絕問其地人曰此彰德趙藩山鳥適王有修府之役魯班攜徒與往共其事一樑一龍頭角鱗爪玲瓏畢具王大悅即日拜都匠餽贈盈溢卒無所受王怪問道人

肥鄉縣志 卷三十七 仙釋 一

↑《肥乡县志》关于“柳仙”的记载

各地吕仙祠中，吕洞宾塑像前左右两侧各有一童子，左为柳仙，即柳扶胥，身着黄赪衣，头顶青柳条；右为济仙，乃吕仙二弟子也。

## 程婴藏孤城南堡

据雍正年间《肥乡县志》载：“（城南堡）晋程婴匿赵孤处也。”传说，当年程婴将赵氏孤儿用药箱背出王宫后，历尽千难万险逃到列人（今肥乡）浮丘山，隐姓埋名，抚育孤儿。教他学

↑ 成信侯庙

↑ 城南堡村中耆老讲述程婴藏孤的传说

↑ 编者在走访关于程婴藏孤的传说

文习武，研习治国之策，使赵武自幼树立远大抱负。十五年后，在韩厥的帮助下，晋景公为赵氏平反昭雪，立赵武、灭屠族，还其田邑。公元前573年，晋悼公即位后，任命十六岁的赵武为卿。自此，开始了他为将、为帅、为卿的仕途征程。程婴看到自己多年心血得到回报，赵氏冤案得以昭雪，便“慨然刎颈自杀，以报旧主”。于是，人们为纪念这位舍生取义之士，将浮丘山下的村庄命名为“程难堡”。意即程婴落难的地方。《肥乡县志》载：“程婴自杀以报赵朔，武服齐衰三年。春秋世祀不绝。今程难堡是其遗迹。”隋开皇十年（590），复置肥乡县后，在今址筑肥乡城。因程难堡位于肥乡城南二里，遂取其谐音改作“城南堡”至今。

宋神宗元丰六年（1083），追褒古贤时，为感其对赵氏先祖厚恩，封程婴为成信侯，公孙杵臼为忠智侯，韩厥为义成侯，并敕建祠纪念。自此，肥乡城南堡便建有成信侯庙，以春秋祀之。“肥（乡）固古邯郸地，今程将军庙（即成信侯庙）尚存，祀之者不必尽赵氏子孙矣。”清雍正版《肥乡县志》云：“成信侯庙，在城南堡村，祀晋程婴。今圮。《旧志》以为程将军庙，今改正。有元朝方虚谷碑记。”肥乡县尹方虚谷在《重建成信侯殿记》中说：“今广平府故洺州肥乡县，春秋时立赵孤，近世封成信侯，程姓婴讳之里也。”

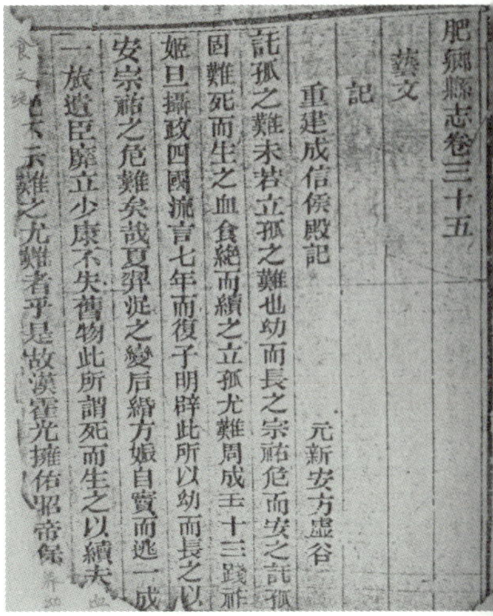
肥鄉縣志卷三十五
藝文
記
重建成信侯殿記　元新安方虛谷
託孤之難未若立孤之難也幼而長之宗祏危而安之託孤
固難死而生之血食絕而續之立孤尤難周成王十三踐祚
姬旦攝政四國流言七年而復子明辟此所以幼而長之以
安宗祏之危難矣哉夏羿浞之變后緡方娠自竇而逃一成
一旅遺臣靡立少康不失舊物此所謂死而生之以續夫
難之尤難者乎是故漢霍光擁佑昭帝保

↑《肥乡县志·艺文》：《重建成信侯殿记》

## 莲花姐妹献水救苦

传说，在很早以前，距肥乡城20华里的大西高村，有两口异常的水井。这两口井紧偎着，水里呈现莲花，人们称之为“莲花井”。

一天早上，村西头王老汉醒来后，便挑起水桶去井里打水。恍惚间，他那惺忪的眼睛看到井上有朵忽隐忽现的白莲花。老汉愣了下神，揉了揉双眼：“不错，是有朵莲花，飘浮在空中，若有若无。”当他走近井边时，却什么也看不见了。只见两口井中都冒着清清的甘泉。尽管他心里觉着有点蹊跷，但也没有过多地去想它，顺手在两口井里分别打了一桶水挑回去了。

↑莲花井

回家后，老伴先从前边桶里舀了一瓢，烧了一锅开水。老汉喝了一口，甜美甘醇，沁透心脾。他又让老伴在后边那只桶里舀水烧了点汤。汤色微黄，老汉喝了半碗便不觉饥饿了。于是，他将此事告诉了乡亲们，大家说都看到了莲花。

原来，村里人的那种日出而作、日落而息的勤劳劲儿，感动了游动的莲花姐妹。她们看到村里人整年累死累活，靠天吃饭，有时连水也喝不上，很不忍心，于是就想伸手帮助他们。莲花姐说："我管清水长流，让大家从早到晚，随时喝上甘甜可口的清水，以解除疲劳。"莲花妹说："我管黄水烧汤，让人们不到吃饭时不觉得饿，永远劲头十足。"二人商量后，便于日出前来到井边，让老汉挑水时发现，并告诉大家。从此，人们称这井为"莲花井"。

## 赵云扎营赵云堡

传说，东汉后期，曹操攻取徐州时，用五千弱旅的死亡，骗取刘备出城，被曹军击溃。刘备兄弟离散，兵马丧失，单骑逃入深山，后被赶到救援的袁绍谋士许攸救下，寄居冀州袁绍处。扼守下邳城的关羽被曹操设计骗往芒砀山，后寡不敌众，为保护刘备的两个夫人，不得已依约降曹，远去许昌。张飞流落汝南古城，逼县官让位于他，做起了县令。赵云则领兵三千，一直寻刘备至河北冀南郡，在关定庄不远处安营驻扎。后来，安营处被称为赵云堡。随着时间的推移，人口的增多，又分为前、后赵云堡。

## 姚娘娘与姚宫院

话说秦王李世民在围困刘黑闼于列人城期间，大本营扎在距列人城不远的西部村庄附近。因此，也不断到村中巡视，一看敌情，看是否有刘黑闼的奸细刺探情报；二看资源，看是否有可被唐军利用的人员、物资等。忽然，他发现一家柴院中有位貌美端庄的姑娘，走起路来翩若天仙，妩媚可爱，顿使他喜不自禁，心想，在这野村僻壤还有这等绝色佳人，不由地心猿意马。然而，眼前的战事不由他多想，便行色匆匆地离开了。

战争结束，李世民得胜归朝。四年后，李世民登上皇位，是为唐太宗。一天临幸后宫时，他突然想到几年前在列人城边见到的那位美人，一时间，对佳丽三千的后宫没了兴趣。于是，他唤来宫廷总管，授意招列人姑娘进宫。很快，姑娘被选进宫里，做了娘娘。因娘娘姓姚，遂称姚娘娘。同时，朝廷拨重金在姚娘娘的家乡建造了一座华丽的宫院以供娘娘省亲时居住。后来，人们习惯上称村名为姚宫院。

20世纪80年代，在古列人城西部风火村一带出土一通墓志，经辨别，确认为姚礼墓志铭。姚礼，官至都尉，卒于唐开元七年（719）五月二十四日，享年六十五岁。父姚智，官骑都尉；祖父姚洪，官至上柱国。这姚家是否与传说中的姚娘娘有关，有待进一步考察论证。

### 瓜精庄与后汉皇帝刘知远

传说，大约在唐末时期，有个年轻流浪者昏倒在距离一处瓜园不远的路边。心肠善良的瓜园李老汉看到有人昏倒在路旁，赶忙将之扶起，背进瓜棚，喂了些饭食后，他才慢慢苏醒过来。

这个流浪汉叫刘知远。他告诉李老汉，他家住安徽沛县，因灾荒来河北寻亲，不料，亲戚多年没有联系，现已不知去向，只得靠乞讨度日。老人看他虽破衣烂衫，但眼神里透着英气，相貌中凸显出气度，很像个成大事的料，于是就答应他在瓜园暂时住下来，让他跟着老汉侍弄瓜园。

一日，刘知远巡视瓜园时，发现几个长得显眼的大西瓜不见了，顿使他心生纳闷。看看四周，看不出有人来过的痕迹。这是怎么回事？莫非……他没有再想下去，只是不露声色地继续巡视。

寂静的夜里，天空的繁星眨着疲惫的眼睛。刘知远只身猫在瓜棚下，他四处察看着周围的动静。午夜时分，突然一阵风起，只见一个高大的黑影飘然而至。刘知远认定他就是偷瓜者，遂抄起锄头奔了过去。黑夜里，你来我往，二人斗了几个回合，黑影一闪不见了。“难道他地遁了？地遁了我也要将之挖出来！”随即刘知远用锄头使劲地刨起来，刨着刨着，忽见一石匣，打开一看，有一把宝剑，还有一部兵书。这时，聪明的刘知远立刻悟到这是上天的安排，是要他练武习剑，熟读兵书，为日后发迹做准备。从此，他抽闲就研读兵书，练习武艺。

后来，李老汉生了一场病，自知时日不多，便将女儿三娘嫁给了刘知远。谁知，三娘的哥嫂想赶刘知远走。于是，刘知远告别妻子，只身去大名府当了兵。由于他懂兵法，会武艺，智勇双全，屡立奇功，很得上峰赏识，不久，升任邯郸留守，自此，步入仕途。

刘知远走后不久，三娘便生下一个儿子。只因哥嫂与她交恶，生孩子时没有亲人在身边，三娘只得自己咬断脐带。为此，儿子名曰“咬脐郎”。三娘自己带着孩子，靠为人洗衣养活孩子，受尽煎熬。儿子六七岁时，三娘便托人将咬脐郎送给刘知远。十年后，刘知远队伍规模扩大，实力增强，攻占汴京（今河南开封）后，便登基称帝，国号“汉”，史称后汉，三娘也被接进京城，封为李皇后。

刘知远种瓜遇瓜精、得兵书称帝之事在四乡很快传开了。于是，人们将村名改为瓜精庄。又因为刘知远系五代时皇帝，宋人又将此事编入话本小说《五代史平话》，后来，又改编为剧本《刘知远白兔记》，具体地讲述了刘知远夫妻、咬脐郎母子历尽艰难终团圆的过程，生动地塑造了李三娘朴实、善良、坚韧、勤勉的肥乡农村妇女形象。

## 狸猫千里寻脉枕

在肥乡西北高村的西南角，有一处坟茔，原来在村外，现在已被掩映在一片树林中，这就是传说中的“猫坟”。

明代，西北高村苏家出了位朝廷命官叫苏名世。明崇祯十六年（1643），苏名世进士及第。进入清代后被授予刑部郎中，官至西宁道兵备副使。他爱民如子，清正廉洁，备受百姓爱戴。

苏家有一只狸猫，通人性，伴左右，如同家庭一员。一年，苏名世探家时，这只狸猫伴他回到家乡。一天夜里，狸猫突然上蹿下跳，还咬住苏名世的被角往外拉，家人备感异常。正疑惑间，突然房屋震颤。原来是狸猫的灵性，预感到有地震来临，苏家因此逃过一劫。

转眼间，当年的苏家少年，已是老态龙钟，他要告老还乡了。走了一段路程之后，苏名世忽然想起自己经常把玩的那只“脉枕”忘了带回来，心中顿生遗憾。谁知，又走了一程后，那只心爱的狸猫也丢失了。苏名世懊恼不已，进门后便倒床睡下了。

在梦里，苏名世带着自己心爱的狸猫，在故乡的田野里赏花游玩，十分愉悦。突然，一匹马飞奔而至，骑马的官员看到苏名世，翻身下马叩拜。这时，那只狸猫“嗖”地一下，蹿上马背，疾驰而去。就在苏名世不知所措时，突然听到一阵阵的猫叫声，让他又怒又烦。昏昏沉沉中，他随手一掌，只听一声猫的惨叫，将他惊醒。定睛一看，一只猫被打死在床前，正是他的那只狸猫。狸猫躺在地上，嘴角流着血，爪子磨得血肉模糊，再看狸猫的旁边，放着他的心爱之物“脉枕”。

原来，是狸猫回去寻找“脉枕”了。是它将“脉枕”衔回来了。不料，刚到家，就惨死在主人的手掌之下。

苏家为感念这只狸猫的忠义，遂写了七天戏。县令也送来牌匾，上书“义猫”。这只狸猫被安葬于苏家祖坟旁。直到现在，苏家的后代上坟时，也不忘给这只狸猫烧些纸钱。

## 张小官遣返土地爷

传说，张学颜的父亲张应麒曾为太子的老师。张学颜出生时，其父便向皇上请假，说自己添了个儿子。皇上高兴地说：“好，好，我朝又添了个小官。”张应麒叩头谢恩。从此，张学颜便得了个“张小官”的雅号。

张小官自幼聪敏，与众不同。七岁上私塾时，脚底下总爱踢个小砖头玩着去上学。一天，他感觉要迟到了，怕被塾师打板子，便把砖头丢弃在土地庙前，并对土地爷说：“请帮我看好砖头，否则，定罚不饶。”谁知，下学后，他发现砖头已无踪影。于是，小官用高粱秸秆做了一副枷，把土地爷枷了起来。当晚，土地爷给小官塾师托梦，说你的弟子张老爷给我上了刑，致使我不能出门公干。

第二天，塾师询问谁给土地爷上刑了？小官并不避讳，慨然承认，并站起来说明原因。塾师甚异之，令他速将枷拿去。下学后，小官不情愿地拆去了土地爷项上的枷，愤愤地嘟囔道：“土地，土地，贬到云南扫地。要想回来，还得我去。”

后来，张学颜到云南公干。一日，见一老翁在衙前扫地，便与之攀谈。当他问其家居何处时，老翁笑着说：“老爷贵人多忘事。是你当年把我贬到这里扫地的，我已做苦差几十年了！”张学颜猛然想起儿时惩罚土地的恶作剧，没承想会造成这么大的冤狱。遂赶忙拱手道歉，请求原谅，并赠银遣回。

土地爷回任，秩序井然。从此，彭固村又恢复了昔日的宁静。

## 郭谦捕贼获封赏

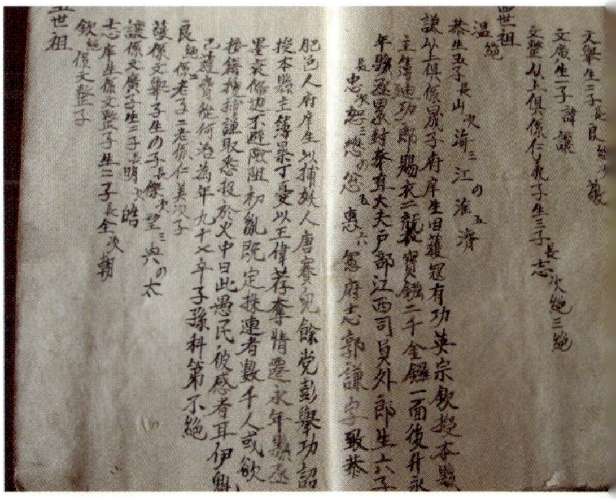

↑《郭氏家谱》记载郭谦捕贼情况

明代赵云堡郭谦，字致恭，府庠生。自幼聪颖好学，立志成才。稍长便热衷于律历、刑法，深谙缉捕之道。时有永年唐赛儿聚众，在肥乡、永年交界处劫掠民财，祸害百姓，人心惶惶。郭谦获悉后，几次上书县衙，建议武力剿灭之。谁知，县府畏惧不敢轻举妄动。郭谦遂又上书广平府。府官正为此事头疼，当看到郭谦破盗匪方案后，以为思维缜密，措施得力，遂命其组织擒拿。

郭谦经过认真调查后，详细弄清了盗匪隐匿场所和活动规律，便带人于夜深人静之时，将其团团围住，把那些还在睡梦中的盗匪全部抓获。审问时，他们拒不认罪。于是，他将胁从者大部分释放回家，不予追究，而对“渠魁”者则以攻心为上，迫其认罪伏法。百姓拍手称快，人民安居乐业。

郭谦因侦破盗匪有功，年仅二十二岁的他便被授予本县主簿，迪功郎，赐衣二袭，银钱二千，金锣一面。后经王伟举荐，升永年县丞。又因子郭忠贵，封奉旨大夫、户部江西司员外郎。卒年九十七岁。

### 蒋御史巡视传口碑

明代蒋勋，成化辛丑（1481）进士，初授济原（今属河南鹤

↓ 蒋勋后人（左一）讲述蒋御史巡视边关

壁市）知县。他为官清廉，政绩显著，旋升贵州道御史。

弘治元年（1488）十二月，蒋御史奉敕前往紫荆、倒马等关赏军劳军。他谨记朝廷旨意：“务要一一唱给，不许头目等总领侵款，冒名顶替或妄报。”他亲自督导银两发放，使全军上下山呼“万岁”，出色地完成了使命，得到了皇帝的赏识和褒奖。

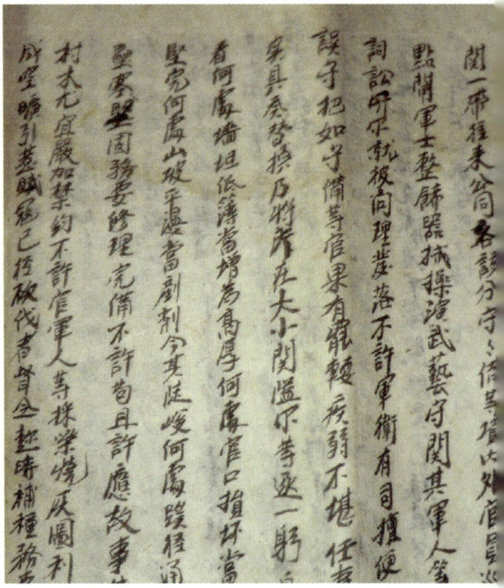

↑ 蒋勋手抄《圣旨》

弘治二年（1489）二月，他又奉旨查辽东粮储。到任后，便结合粮储郎中、管粮员等，将各粮库收粮卷簿次第调阅，一一查核，终于查出贪官污吏在灾粮中掺糠秕、混砂土等恶劣行径。最终，不法之徒得到惩治，百姓得到实惠。

弘治三年（1490）二月，他又奉敕巡视居庸关。同时，对“大小关隘等，逐一躬身亲查。看何处墙垣低薄当增为高厚，何处关口损坏当修筑坚完，何处山坡平漫当产削令其陡峻，何处蹊径通行当垒塞坚固。务要修理完备，不许苟且许应故事。其沿边林木，尤宜严加禁约，不许官军人等采柴，烧灰图利肥己，致成空旷”。蒋勋不畏艰险，攀崖察看，调研论证，制定切实可行方案，深受赞誉。

后经几次派遣，外出巡察督理，皆赢得朝野上下口碑，功绩卓著，为人称道，朝廷赐“皇罗伞”以示旌表。蒋御史之名不胫而走，至今仍在民间传颂。

## 赵得秀造就王相岩

明代嘉靖年间，肥乡西彭固村有个叫赵得秀的人，号九峰。因精于石工，被时人称为“活鲁班”。他一生无妻室儿女，常挑着工具和行李游南武夷。后归返至林虑山（现属林州市），爱其山水陡绝而驻足。当地人称此地为彰德（今安阳）赵藩山场。适逢明王室有修府之役，赵携门徒同往，分工雕刻一梁一龙头。工成，角、鳞、爪玲珑毕具，皇帝大悦，封赵得秀为都匠，赐赠丰厚，未受。赵得秀只求索林虑山中一片石而已，皇帝笑而许之。返林虑山后，他沿葛藤上山，垂以绳索，用镳轳系腰上下，筑三清殿于山顶。工成，仰观天地，飞虹桥，房廊场圃，均很精巧。其地四面千仞，人迹罕至，犹如世外桃源。“活鲁班”遂隐迹颐养其中，诵经炼药度日。

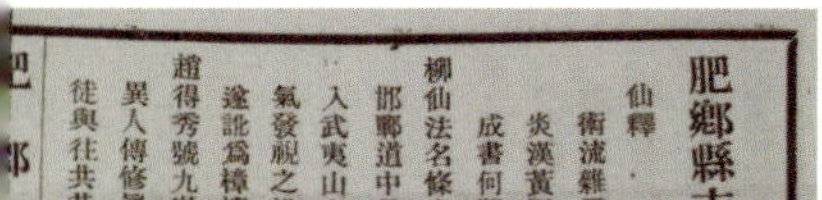
肥鄉縣志卷三十七

仙釋

術流雜霸不道桓文攻戒異端弗爲隱怪老子經傳道德稱柱史於有周佛子像肖金人訪遺文於炎漢黃冠棠府工其術者怪誕支離貝葉曇花衍其波者虛無寂滅恐其惑衆是宜屏之遠方勒爲成書何難芟其遺事假神道以設教其言似信而有徵仍舊貫以傳疑其說姑存而不論志仙釋

柳仙法名條青扶胥其道號也唐宣宗大中之三年二月花朝降生于肥鄉之東汾杜十一歲遇呂仙于邯鄲道中呂目視良久忽叱曰童子何來柳鞠躬曰余不知何來呂微笑曰宿根宿根輙指授法言攜入武夷山中其父疑以爲妖白之於崔觀察柳歸授呂秘法假暴卒已復通回武夷及塋塚上嘗有紫氣發視之惟見一青柳杖耳又自言貌髯長身披黃緇衣青表戴笠着蓑棕履世以仙鑑載青柳杖事遂訛爲樟柳之精云

趙得秀號九峯肥鄉彭固村人以其善公輸子技人以魯班呼之無家室恒持一擔自隨嘗遊南武夷得異人傳修眞秘訣歸至林慮愛其山水陡絕問其地人曰此彰德趙藩山塲適王有修府之役魯班攜徒與往共其事一樑一龍頭角鱗爪玲瓏畢具王大悅卽日拜都匠餽贈盈溢卒無所受王怪問道人

肥鄉縣志 卷三十七 仙釋

↑《肥乡县志》记载赵得秀修道林虑山

嘉靖中期，永年人申崧岩在磁州备兵，请赵得秀出山修造州南大石桥。工程艰巨，甃柱高大，桥拱势如半月，巧夺天工而无斧凿之痕，时人皆赞不绝口。赵选山之西崖绝渡地处，悬木通过，开凿涵洞，外悬石板置于洞上。不久，赵亡故。门人遵照遗嘱，将尸棺置于涵洞之中，以悬石匝门。传说门外常有猿猴守护。后人称此处为“鲁班壑”。时任河南佥事张学颜为他撰文立传。

# 后记

我研究肥乡文史，是从搜寻、探讨古碑刻开始的。记得二十多年前，有人问我肥乡县名的来历、肥乡文明的历史、肥乡历史上的名人等，虽然能说上一些，但总觉得那是道听途说，总感觉不是很清楚，说起来心里不踏实。这时，我开始思考，开始行动，开始了漫长的研究探讨地方文化之旅。

肥乡在县域文化上存在“史”出多门、说法不一的现象。例如，在建设肥乡城内第一个文化广场时，就出现了诸多争议：有说应该建平原君广场，有说应该建肥义广场，莫衷一是。肥义是肥乡的开山鼻祖，但名声没有平原君赵胜那么大；平原君赵胜是“战国四君”之一，有门客三千，曾“三去相三复位”，听说平原君的人太多了！所以第一个广场就定名为“平原广场”（后更名为“平原君广场”）。

肥乡有几千年的文明史，值得探讨的方面很多。譬如说哪些帝王到过肥乡？文献上记载得不多，但民间传说的就太多了。有重耳、刘秀、李世民、刘知远、朱允炆等。这些传说有无依据，能否从文献、碑刻上查证，这就需要挖掘、需要研究、需要寻找线索。

肥乡，地处平原腹地。千百年来，因洪水、战祸、天灾、人为的因素影响，至今能够保存下来的古建筑太少了。尤其“文革”以后，家谱、主幛、家庙、寺庙、碑刻等损失殆尽，更将一些与历史有瓜葛、有联系、有渊源的元素毁了个精光，哪怕残垣断壁、哪怕碎砖烂瓦、哪怕损碑散坊等，寻找起来也十分困难。所以，不同时期的碑刻就成了联系古今历史的物质硬件。

肥乡原属漳、黄故道，河水冲刷、淤积相当严重。现有不少古碑仍被埋在地面四五米以下，个别的露出地面二三十公分，翘首以待。近几年肥乡建设速度加快了，时有古碑被发现、挖出，重见天日。

肥乡现存碑刻中，元代及以前的较少，大部分是明清时期的。“燕王扫北”以后，朱棣夺得江山，局势渐趋稳定，尤其移民、屯垦政策的实施，为肥乡的政治安定、经济发展带来了机遇，创造了条件。

通过碑刻等查实，肥乡在明朝初期从山西、河南、安徽等地迁来了大量移民，甚至山西潞州卫长期在肥乡屯垦留下了很多后裔。从山西迁来的多是农民，以填实、补充农村农民，皆以耕种、劳作、发展生产为主。而从安徽、河南、湖北等地迁来的少数移民，则多为当地大户、官宦之家。这些移民将不同地域的生活、饮食、婚葬等习俗带到肥乡，传承下来，融合到肥乡这个大家庭里，生根、开花，放射光彩。不同地域的人们，其祭祀习俗、丧葬习俗不同。逯家堡杨氏的“抢穴”、前黄寨的“不拔坟”、西北高的“拉灵”等极具特色，丰富了肥乡的丧葬文化。民间“烧船”“点老杆”“搭仙桥”等民俗活动，也不时勾起人们对那些古老的信仰文化的猜想和敬畏。“木旋技艺”“竹罐中医疗法”“无痛接骨”“版画”“拓印”等无不透露出古老、传统的痕迹。

具有1800年历史的肥乡，有着丰富多彩的地方文化特色。从古到今的诸多历史人物、历史事件构成了具有鲜明特色的肥乡历史文化。在这片美丽富饶的大地上，曾经涌现出许多名臣良相、高贤才俊、英雄模范人物等。他们对肥乡历史文化的形成和发展，产生了重大影响。勤劳勇敢的肥乡人民，在这块古老而又生机勃勃的土地上，曾经创造出无数辉煌。今天，系统记载这无数辉煌的机会来了，这就是编纂出版本书。本书的出版，将为推介、宣传肥乡，使肥乡走向世界、走向未来提供一个很好的窗口。

自从2017年5月省文联、省民协在石家庄召开推进会以后，这项工作就正式启动。肥乡文联及时向肥乡区委、区政府提交了《肥乡区文学艺术界联合会关于编纂出版〈中国千年古县·河北肥乡〉的报告》。报告对编纂时间、人员、经费、调查走访、文字编写、照片拍摄等进行了系统安排。在很快得到区委区政府批准后，我们便着手开展工作。首先，根据中国民间文艺家协会和知识产权出版社统一制定的“编写体例框架”确定编写提纲；其次，根据提纲，逐章落实到人，分工负责。第三，根据各章节具体内容，组织查询、采访、拍摄，以丰富内容，完善资料。

编辑人员在查询、采访、拍摄等过程中，得到了有关领导、部门、村镇、个人的积极配合和帮助。有的千方百计提供方便，有的腾出时间帮助拍摄，有的积极组织知情者共同参与，有的专程从外地赶回为调研人员提供信息……这些都使我们十分感动，在此表示感谢。肥乡摄影家徐强、徐素霞、陈永平、薛建东、韩非、柳峻彪、王福臣、李学宾、郑永涛、程建国等同志还积极提供老照片等，充实了内容，增加了亮点，在书稿付梓之际，特表谢忱！本书在成稿过程中，还得到了省、市民协有关领导的关注和支持，尤其中国文联顾问、河北省民协主席郑一民，河北省民协副主席兼秘书长杨荣国，河北省文联民间文化遗产研究中心主任姚峰，省文联民间文化遗产研究中心副主任刘贤，河北省燕赵文化研究会副秘书长刘顺超，邯郸市民协冯雪峰、杜学德主席的多次指导，在此表示诚挚的谢意！

本书由毕兴华负责编写第一、三、四章；陈剑负责编写第五、六章，我负责编写第二、七章及配图，并对全书进行审阅和修订。

由于本书编写时间仓促，内容涉及面广，年限跨度大，编者水平有限，恳请读者批评指正！

刘永清

2020年10月

↓ 2018 年 11 月，刘永清（中）毕兴华（右）在采访红色革命史

**图书在版编目（CIP）数据**

中国千年古县．河北．肥乡／中国民间文艺家协会组织编写；潘鲁生，邱运华总主编．—北京：知识产权出版社，2021.3

ISBN 978-7-5130-7358-5

Ⅰ．①中… Ⅱ．①中… ②潘… ③邱… Ⅲ．①肥乡县—概况 Ⅳ．①K92

中国版本图书馆 CIP 数据核字（2020）第 251249 号

**责任编辑：** 王颖超　　**责任校对：** 谷　洋
**装帧设计：** 研美文化　　**责任印制：** 刘译文

中国千年古县丛书

**中国千年古县·河北肥乡**

中国民间文艺家协会　组织编写

总 主 编　潘鲁生　邱运华

本卷主编　刘永清　毕怀领

**出版发行：** 知识产权出版社有限责任公司　　**网　　址：** http://www.ipph.cn
**社　　址：** 北京市海淀区气象路 50 号院　　**邮　　编：** 100081
**责编电话：** 010-82000860 转 8655　　**责编邮箱：** wangyingchao@cnipr.com
**发行电话：** 010-82000860 转 8101/8102　　**发行传真：** 010-82000893/82005070/82000270
**印　　刷：** 天津市银博印刷集团有限公司　　**经　　销：** 各大网上书店、新华书店及相关专业书店
**开　　本：** 720mm × 1000mm　1/16　　**印　　张：** 12
**版　　次：** 2021 年 3 月第 1 版　　**印　　次：** 2021 年 3 月第 1 次印刷
**字　　数：** 150 千字　　**定　　价：** 80.00 元

ISBN 978-7-5130-7358-5